U0223126

环境系统分析

丁 涛 编著

科 学 出 版 社

北 京

内 容 简 介

本书是一本讲授环境系统分析的指导性教材，着重讲解环境系统最优化和数学建模与分析。主要包括三部分内容：其一为环境系统最优化模型及应用，包括线性规划、整数规划、非线性规划和动态规划等最优化模型及其在环境系统中的应用；其二为环境系统的数学建模与分析，包括水环境系统数学建模与分析、大气环境系统数学建模与分析；其三为环境构筑物的数学建模与分析。

本书可作为高等院校环境工程、环境科学及相关专业的本科生教材，也可作为相关专业人员的参考书。

图书在版编目（CIP）数据

环境系统分析/丁涛编著. —北京：科学出版社，2017.3
ISBN 978-7-03-052362-4

Ⅰ. ①环… Ⅱ. ①丁… Ⅲ. ①环境系统–系统分析–教材 Ⅳ. ①X21

中国版本图书馆 CIP 数据核字（2017）第 052330 号

责任编辑：文　杨　程雷星/责任校对：张小霞
责任印制：张　伟/封面设计：陈　敬

科　学　出　版　社 出版
北京东黄城根北街 16 号
邮政编码：100717
http://www.sciencep.com
北京厚诚则铭印刷科技有限公司 印刷
科学出版社发行　各地新华书店经销

*

2017 年 3 月第　一　版　　开本：787×1092　1/16
2023 年 7 月第三次印刷　　印张：10 3/4
字数：252 000

定价：48.00 元

（如有印装质量问题，我社负责调换）

前　言

环境系统分析是环境科学与工程专业的基础课程之一。本书是一本环境系统分析的指导性教材，着重讲解环境系统最优化和数学建模与分析。数学建模即应用数学语言和方法来描述环境污染过程中的物理、化学、生物化学等内在规律和相互关系的数学方程。所以该门课程理论性很强，涉及数学公式、数学过程推导较多，历届学生普遍反映该门课程难度较大、抽象和枯燥。为解决上述问题，本书在编写过程中，强调以下原则：①案例的设计和运用。通过围绕案例教学，激发学生学习系统分析和数学模型的兴趣，使学生在解决环境问题的同时，提升理论水平和分析问题的能力。②多媒体动画在教学中的运用。将抽象性与直观性相结合，强化感官认识和视觉冲击。③MATLAB 和 FLUENT 软件工具的使用。通过引入软件，大大提高学生解决问题的能力和效率，有利于对问题的深入分析和理解。④学生的主动和深入参与。通过老师课上和课下指导、学生亲自建模，使学生能够运用所学方法来解决环境问题。学生通过亲自参与，把抽象的数学公式变成生动直观的视觉结果，将会产生强烈的学习热情和成就感。

本书主要包括三部分内容：其一为环境系统最优化模型及应用，包括线性规划、整数规划、非线性规划和动态规划等最优化模型及其在环境系统中的应用；其二为环境系统的数学建模与分析，包括水环境系统数学建模与分析、大气环境系统数学建模与分析；其三为环境构筑物的数学建模与分析，主要利用 GAMBIT 软件和 FLUENT 软件对平流式沉淀池、旋风除尘器、卡鲁塞尔氧化沟等环境构筑物进行数学建模与系统分析。

全书由中国计量大学丁涛老师统稿。2012 级、2013 级、2014 级环境工程专业的本科学生参与了本书的编写工作，包括 2012 级的程夙、谢斌晖、潘肖健等同学；2013 级的阮唯佳、柴铮巍、朱家辉等同学；2014 级的胡来钢、胡新华、邵鑫等同学。张瑞芬、应承希、王伟等硕士研究生在全书编排中也做了大量工作，在此一并表示感谢。

本书编写过程中参考了许多相关资料和书籍，在此不一一列举（详见书后参考文献列表），编者对这些参考文献的作者表示真诚的感谢。本书的出版得到国家自然科学基金项目（51579046）、浙江省"安全科学与工程"重点学科和浙江省高等教育课堂教学改革研究项目的资助，在此深表感谢；同时感谢科学出版社文杨老师在本书出版过程中给予的支持和帮助。

　　本书既有理论和方法方面的阐述，又有大量的案例和算例，具有较强的知识性和实践性，是一本专门针对环境科学与工程本科生编写的教材。本书也可作为相关专业人员的参考书，具有较强的参考价值。由于编者水平有限，书中难免有不妥和错误之处，编者诚恳地期望各位专家和读者不吝赐教和帮助。

编　者

2016 年 12 月于中国计量大学

目　　录

第1章 环境系统分析导论

本章主要介绍环境系统优化和数学建模与分析的基本概念及相关知识，并通过案例来阐明本门课程的主要讲授内容，使读者能在学习之初对本门课程有个整体的、直观的认识。

1.1 系统的概念、特征和分类

以人体为例，构成人体的呼吸、消化、循环、排泄、神经等各组成部分，它们通过特定的相互依存、相互制约的关系而有机地结合在一起，成为人体这一具有特定功能的集合体，才使人成为一种具有特殊高级功能和高度智慧的高等动物。如果某一器官出现了问题，就会影响其他部位器官的正常运行，因此人体本身就是由不同元素或子系统组成的一个复杂系统。

1) 系统概念

系统是由一组相互依存、相互作用和相互转化的元素(或客观事物)所构成的具有特定功能的有机整体。

2) 系统特征

不同的元素组合成一个系统，这个系统具有不同于组成它的每个元素的特征，主要表现为以下几方面。

集合性：系统是由各要素所构成的具有特定功能的集合体(根据逻辑统一性要求来构成)。各要素不完善也可能构成良好功能的系统，要素良好也可能作为整体却不具有某种良好的功能。如果以 X 表示系统，以 x_i 表示子系统或系统元素，它们之间的关系可以表示为 $X = \{x_i \mid x_i \in X, i = 1, 2, \cdots, n; n \geqslant 2\}$。

相关性：组成系统的各部分要素之间及系统与环境之间相互联系、相互制约和相互作用，就是系统的相关性。仅有一些多种多样的要素，而它们之间没有任何联系，就不能称为系统。

目的性：系统特别是人造系统都具有目的性。复杂系统往往是一个多目的系统。而系统目的又可以分解为多层次的目标，从而构成一个目标体系。实现全部的系统目标，就等于实现了系统目的。

整体性：系统是由两个或两个以上可以相互区别的要素，按照作为系统应具有的综合整体性而构成的。系统整体性表明，具有独立功能的系统要素及要素间的相互关系是根据逻辑统一性的要求，协调存在于整体之中的。不能离开整体去研究任何一个要素，要素间的联系和作用也不能脱离整体协调去考虑。

环境适应性：指系统对环境变化的适应程度。系统存在于环境之中，是特定环境的产物。同时，系统又是环境的组成部分，环境是一个更复杂、更高级的大系统。系统与环境既相互关联、相互依存，又相互独立。系统不断地与环境进行物质、能量和信息的交换，使其与外部环境相适应。环境发生变化传送到系统内部，必然引起系统要素的波动，导致系统内部有序结构的变化和调整。反之，系统要素功能和结构的变化返传到系统外部，也会引起环境要素的波动。在交换、运动和调整中，系统保持与外部环境的适应性。

3）系统的分类

(1)按系统组成部分的属性划分：可划分为自然系统、人造系统、复合系统。自然系统：由各种自然物质构成，如由水、矿物、植物、动物等自然物质构成的海洋系统、生态系统、矿藏系统等，其特点是自然形成的。人造系统：人类为了达到某一需求目的而建立起来的系统，如给水系统、排水系统和污水处理系统等。复合系统：人们借助于认识和利用自然规律为人类服务而建造的系统，如气象预报系统等。

(2)按系统形态划分：可划分为实体系统和概念系统。实体系统：组成元素是物质实体，如由格栅、沉砂池、初沉池、曝气池、二沉池等组成的城市污水处理系统。概念系统：由概念、原理、原则、法则、制度等非物质所组成的系统，如法律系统、教育系统。

(3)按系统所处的状态划分：可划分为静态系统、动态系统。静态系统：系统的状态不随时间而变化，即处于稳态的系统。动态系统：系统的状态随着时间变化而变化，即系统的状态变量是时间的函数。

(4)按系统与环境的关系划分：可划分为闭环境系统、开环境系统。闭环境系统：指系统内部与外界环境没有交换的系统。开环境系统：指系统与外界发生能量、物质、信息等交流时的系统。实际生产和生活中，一个系统不能与外界环境绝对封闭，所以闭环境系统是基于研究问题需要而忽略外界环境影响的一种近似。

(5)按系统内变量之间的关系划分：可划分为线性系统、非线性系统。线性系统：系统内变量之间呈线性关系。非线性系统：系统内变量之间呈非线性关系。

(6)按系统规模划分：可划分小型系统、中型系统、大型系统。

1.2 环 境 系 统

1）环境系统的概念

广义环境系统：是指地球表面包括非生物和生物的各种环境因素及其相互关系的总和。环境系统提出的目的是把人类环境作为统一体看待。避免人为地把环境分割为互不相关的支离破碎的各个组成部分。环境系统的内在本质在于各种环境因素之间的相互关系和相互作用过程。

狭义环境系统：指在研究人与环境这对矛盾统一体时，由两个或两个以上与环境污染及控制有关的要素组成的有机体。

2）环境系统的分类

表 1.1 给出了几种常见的环境系统分类方法及相应的系统名称。

表 1.1　环境系统的分类

分类方法	系统名称
污染物的发生及迁移过程	污染物发生系统、污染物输送系统、污染物处理系统、接受污染物的环境系统
环境管理功能	自然保护系统、环境管理系统、环境监测系统、污染控制系统等
环境保护对象	大气污染控制系统、水污染控制系统、城市生态环境系统等

从经济发展与环境保护之间的关系来看,可将一个城市或一个区域分解成三个系统:污染发生系统、处理系统、生态环境系统。其中,污染发生系统主要包括工业、生活和交通系统等。各系统均对应着三个量及其时空分布:污染物发生量、去除量和环境容量。相应地存在三类措施来协调经济发展与环境保护的关系,即降低发生量、提高环境容量、合理组建处理系统(保证必要的去除量)。协调和优化经济建设及环境建设的关系是环境规划的基本思路,而这一过程的实现依赖于环境系统建模与优化分析方法,以实现环境系统的定量化分析与整体优化分析。

3) 环境系统分析

环境系统分析是以环境质量的变化规律、污染物对人体和生态的影响、环境自净能力、环境工程技术原理及环境经济学等为依据,综合运用系统工程学、数学和电子计算机等技术方法,研究建立一个合理的环境污染预防控制系统的数学模型,分析污染控制过程中的可调因素(或各种可替换方案)对环境目标或费用、能耗等的影响,寻求最优决策方案。

【案例 1-1】排污口允许最大排污量

已知某河流长 70km, 平均流量 $Q=20m^3/s$, 流速 $u_x=0.10m/s$, 水体中 BOD_5 浓度为 3mg/L, 溶解氧 DO 浓度为 6mg/L, 水温为 20℃; 岸边有一处污水排放口,污水排放量为 $0.5m^3/s$, 污水中的 BOD_5 浓度为 600mg/L, 溶解氧 DO 浓度为 0mg/L; 该河流水体的耗氧系数 K_1 为 $0.12d^{-1}$, 复氧系数 K_2 为 $0.20d^{-1}$。为了保证整条河段的溶解氧浓度不低于 5mg/L, 即满足地表水Ⅲ类水质标准,试计算排放口污水的处理程度。

1) 河流水污染控制系统分析

图 1.1 为该河段水污染预防控制系统示意图。该河段水污染预防控制系统由污染发生子系统(岸边污水排放)、污水处理子系统(排放口污水处理)、收纳污染物的生态环境子系统(河流水体)组成。各子系统之间相互联系、相互制约和相互作用,岸边排放口的污水排放量和污水的处理程度(即污染物去除量)会影响受纳水域的水环境质量,而河流水体的自净能力(环境容量)反过来也会限制排入河流的污染物总量,对污水处理程度会提出相应要求。只有正确处理好污染物排放量、去除量和环境容量三者之间的关系,才能协调和优化好城市经济建设和河流环境保护之间的关系。

应建立一个合理的河流水环境污染预防控制系统的数学模型,利用该模型描述环境要素之间的相互关系,进而分析污染控制过程中的可调因素对环境目标的影响,寻求最优决策方案。本案例中的环境要素主要包括:①与环境容量相关的环境要素,即河流流量、河流流速、本底水质和目标水质等;②与污染物发生相关的环境要素,即污水排放量、污染物种类、污染物排放浓度;③与污水处理相关的环境要素,即污水处理率。

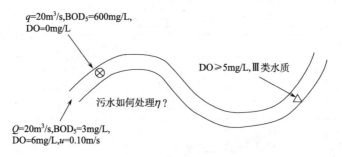

图 1.1 河流水污染预防控制系统示意图

依据河流水环境质量变化规律可知，河流水体在未污染前，河水中的氧一般是饱和的。污水排入河流之后，初始阶段由于耗氧速率大于复氧速率，溶解氧不断下降。随着有机物的减少，耗氧速率逐渐下降，而随着氧饱和不足量的增大，复氧速率逐渐上升。当两个速率相等时，溶解氧到达最低值，该位置即为临界点。随后，复氧速率大于耗氧速率，溶解氧不断回升，最后又出现饱和状态，污染河段完成自净过程。溶解氧的变化过程如图 1.2 所示，只要保证临界点（即溶解氧最低值的位置）处的溶解氧浓度达到 5mg/L 的要求，全河段的溶解氧浓度就均会满足水质目标的要求，即由临界点的溶解氧浓度来约束排放污水的处理程度。

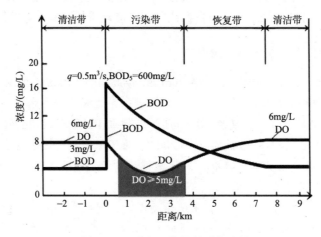

图 1.2 河流水污染控制系统分析

2) 河流水污染预防控制系统数学模型的构建

一个合理的河流水污染预防控制系统数学模型的构建必须以水环境质量的变化规律为依据。首先应了解污染物在水体中的物理、化学和生物变化规律，然后利用数学语言构建数学模型来描述各环境要素之间的关系。本问题可采用 Streeter-Phelps 水质模型，该模型于 1925 年由美国两位工程师斯特里特和费尔普斯提出，并在 1944 年由费尔普斯总结公布，是河流水质模型中用得最早的一个。具体表达式为

$$u_x \frac{\partial L}{\partial x} = D_x \frac{\partial^2 L}{\partial x^2} - K_1 L$$

$$u_x \frac{\partial O}{\partial x} = D_x \frac{\partial^2 O}{\partial O^2} - K_1 L + K_2(DO_f - DO)$$

$$(1\text{-}1)$$

式中，L、DO 为河水中 BOD_5 值、溶解氧浓度，mg/L；K_1、K_2 为耗氧、复氧系数，d^{-1}；DO_f 为饱和溶解氧浓度，mg/L；D_x 为弥散系数，m^2/s。

该水质模型描述了一维稳态河流中的有机物降解过程和溶解氧的变化规律。上述模型的求解需借助于数学理论和电子计算机技术。

3) 完整的求解过程

解：由已知条件可得 Q=20m^3/s，u_x=0.10m/s，L_Q=3mg/L，DO_Q=6mg/L，T=20℃，q=0.5m^3/s，L_q=600mg/L，DO_q=0mg/L，K_1=0.12d^{-1}，K_2=0.20d^{-1}。

起始断面河水的 BOD_5 和 DO：

$$L_0 = \frac{L_q q + L_Q Q}{q + Q} = \frac{600 \times 0.5 + 3 \times 20}{0.5 + 20} = 17.56(mg/L)$$

$$DO_0 = \frac{DO_Q Q + DO_q q}{q + Q} = \frac{6 \times 20 + 0 \times 0.5}{0.5 + 20} = 5.85(mg/L)$$

初始氧亏 D_0 的确定：

$$DO_f = 468 \div (31.6 + T) = 468 \div (31.6 + 20) = 9.07(mg/L)$$

$$D_0 = DO_f - DO_0 = 9.07 - 5.85 = 3.22(mg/L)$$

临界距离：

$$x_c = \frac{u}{K_2 - K_1} \ln \left\{ \frac{K_2}{K_1} \left[1 - \frac{D_0(K_2 - K_1)}{L_0 K_1} \right] \right\} = 41.11(km)$$

$$D_c = \frac{K_1}{K_2} L_0 e^{-K_1 x_c/u} = 5.95(mg/L)$$

$$DO_c = DO_f - D_c = 9.07 - 5.95 = 3.12(mg/L)$$

由上述计算结果可以看出，在不对污水进行处理的情况下，临界点的溶解氧浓度不能够满足目标水质 5mg/L 要求，因此需要对排放口污水中的 BOD_5 进行削减处理。如果临界点 DO 浓度等于 5mg/L，则可反推出污水排放口断面的初始 BOD_5 浓度 L_0'：

$$L_0' = (D_0 e^{-K_2 x/u_x} - D)(K_1 - K_2) / [K_1 L_0(e^{-K_1 x/u_x} - e^{-K_2 x/u_x})] = 10.54(mg/L)$$

$$L_0' = \frac{L_q' q + L_Q Q}{q + Q} = \frac{L_q' \times 0.5 + 20 \times 3}{0.5 + 20} = 10.54(mg/L)$$

得到

$$L_q' = 312.12(mg/L)$$

因此，要满足全河段溶解氧浓度不低于 5mg/L 的水质要求，排放污水的处理程度应为

$$\eta = \frac{L_q - L_q'}{L_q} \times 100\% = \frac{600 - 312.12}{600} \times 100\% = 47.97\%$$

【案例 1-2】城市污水处理系统

图 1.3 为城市污水处理系统,该系统首先将通过粗格栅的原污水经过污水提升泵提升后(污水提升泵站的作用就是将上游来的污水提升至后续处理单元所要求的高度,使其实现重力流),经过格栅,之后进入沉砂池,经过砂水分离的污水进入初次沉淀池,以上为一级处理(即物理处理)。初沉池的出水进入生物处理设备,有活性污泥法和生物膜法,其中活性污泥法的反应器有曝气池、氧化沟等,生物膜法包括生物滤池、生物转盘、生物接触氧化法和生物流化床,生物处理设备的出水进入二次沉淀池,二沉池的出水经过消毒排放或者进入三级处理,一级处理结束到此为二级处理。三级处理包括生物脱氮除磷法、混凝沉淀法、砂滤法、活性炭吸附法、离子交换法和电渗析法。二沉池的污泥一部分回流至初次沉淀池或者生物处理设备,一部分进入污泥浓缩池,之后进入污泥消化池,经过脱水和干燥设备后,污泥被最后利用。

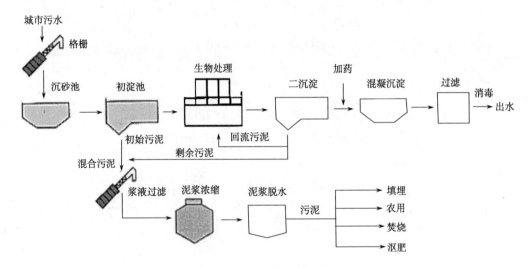

图 1.3　城市污水处理过程图

在图 1.3 的城市污水处理工艺中,可以利用环境系统分析方法对其中的某一处理单元进行建模分析,也可以对整体污水处理工艺进行建模分析。

1) 某一处理单元的建模分析

平流式沉淀池是污水处理中应用最早的沉淀池类型,结构简单,沉淀效果好,对冲击负荷和温度变化的适应能力较强,受风力影响较小,广泛应用于污水处理中。但是在实际工程运行中也发现了一些问题,如涡流、异重流、进水分布不均匀或短流现象等,这些都会干扰沉淀池的正常运行,导致沉淀效果变差,影响整个水处理系统。因此,可以采用环境系统分析的方法来模拟沉淀池水流流态及悬浮物的沉淀过程,找出限制性因素,优化池型结构。

2) 污水处理工艺全过程建模分析

运用环境系统分析的方法来建立污水处理工艺中集物理、化学和生物工艺的综合模型，即模拟每一个特定的工艺单元的行为和这个单元中依赖于其环境条件(泥龄、温度和pH)的主要反应。通过数学模型来追踪污水处理工艺中任何一个模型组分或状态变量在不同单元工艺中的变化(如普通异养菌、氨氧化菌、亚硝酸盐氧化菌等)，以及作用于这些模型组分的多个物理化学和生物反应(包括活性污泥反应、厌氧消化、旁流工艺、气体转移及化学沉淀反应)。污水处理工艺全过程模拟有利于污水处理厂整体的优化设计和运行，同时也是污水处理厂节能减排方案分析和评价的重要工具。

1.3　环境系统最优化导论

最优化概念：最优化技术是一门较新的学科分支，它在物质运输、自动控制、机械设计、采矿冶金、经济管理等科学技术领域中均有广泛应用。最优化问题就是在给定条件下寻找最佳方案的问题。最优化问题至少包括两个要素：一是可能的方案；二是要追求的目标。最优化工作可划分为两个阶段：一是由实际生产或科技问题形成最优化的数学模型；二是对所形成的数学模型进行数学加工和求解。

环境工程建设和经济管理中许多问题都可归结为：在一定制约条件下，寻求达到目标最优解。式(1-2)和式(1-3)就是由决策变量(x_1, x_2, …, x_n)、目标函数 $Z=f(x_1, x_2, \cdots, x_n)$ 和约束条件 $g_i(x_1, x_2, \cdots, x_n) \geqslant (=, \leqslant) b_i (i=1, 2, \cdots, m)$ 构成的最优化模型。

$$\max(\min) Z=f(x_1, x_2, \cdots, x_n) \tag{1-2}$$

$$\text{s.t. } g_i(x_1, x_2, \cdots, x_n) \geqslant (=, \leqslant) b_i (i=1, 2, \cdots, m) \tag{1-3}$$

其中，可使目标函数 Z 最大化或最小化，约束条件方程组确定了决策变量的可行解，它可以是等式或不等式，式(1-3)右端 $b_i (i=1, 2, \cdots, m)$ 为常数。满足式(1-3)约束条件的任何组合均为最优化模型的可行解，使 Z 最大或最小的可行解为模型的最优解。

【案例 1-3】除尘器选择优化

一座年产量大于 250 万 t 水泥的工厂，每生产 1t 水泥排放 5kg 粉尘，目前有 A、B 两种形式的静电除尘器可控制烟尘的排放。A：四个电场组合，可减少排放量为 4.0kg 粉尘/t 水泥，操作成本为 0.35 元/t 水泥。B：五个电场组合，可减少排放量为 4.5kg 粉尘/t 水泥，操作成本为 0.45 元/t 水泥。环保部门要求粉尘排放量要削减 86% 以上。在满足环保要求的前提下，以处理成本最小化为目标，求 A、B 两种形式的静电除尘器各需处理水泥产量为多少？

解：求解过程可分解为问题分析、模型归纳、编程求解和结果分析四个部分，分别阐述如下。

1)问题分析

(1)确定决策变量：设 x_1、x_2(单位为 t)分别表示 A、B 两种方式的水泥处理量。

(2)目标函数：最小的处理成本 $Z=0.35 x_1+0.45 x_2$。

(3)约束条件：环保约束，$(5-4)x_1+(5-4.5)x_2 \leqslant (x_1+x_2) \times 5 \times (1-86\%)$；生产总量，$x_1+x_2 \geqslant 2500000$；产量非负，$x_1, x_2 \geqslant 0$。

2) 模型归纳

$\min Z = 0.35\,x_1 + 0.45\,x_2$

$0.3x_1 - 0.2x_2 \leqslant 0$

$x_1 + x_2 \geqslant 2500000$

$x_1, x_2 \geqslant 0$

3) 编程求解

采用 MATLAB 软件进行编程求解，程序代码如下：

f=[0.35 0.45];

A=[0.3 −0.2;−1 −1];

b=[0; −2500000];

lb=[0;0];

[x Z]=linprog (f, A, b, [], [], lb, [])

计算结果为

$x_1 = 1000000\,(t)$，$x_2 = 1500000\,(t)$

$Z = 1025000\,(元)$

4) 结果分析

根据模型优化结果可知，A、B 两种形式的静电除尘器各需处理水泥产量为 100 万 t、150 万 t，最小处理成本为 102.50 万元。

1.4　环境系统数学建模与分析导论

1.4.1　环境系统数学模型定义和特征

1) 环境系统数学模型定义

应用数学语言和方法来描述环境污染过程中的物理、化学、生物化学、生物生态及社会等方面的内在规律和相互关系的数学方程。

2) 数学模型的建立过程

它建立在对环境系统进行反复的观察研究，通过实验或现场监测取得的大量有关信息和数据，进而对所研究的系统行为动态、过程本质和变化规律有了较深刻认识的基础上，经过简化和数学演绎而得出的一些数学表达关系，这些表达关系描述了环境系统中各变量及其参数间的关系。

3) 数学模型特征

高度的抽象性和应用的广泛性。建模过程中，需对研究对象的本质进行高度的抽象，将研究对象的本质属性和变化规律用数学符号和运算规则来表述。

4) 建立模型的原则

(1) 模型反映研究问题的关键和本质规律，简化非本质的属性和特征。

(2) 模型尽量简单，便于处理。在确保满足精度的条件下，模型尽量简单实用。

(3) 建模依据要充分。模型推导要严谨地依据科学规律，并有可靠的实测数据验证。

(4) 模型所表示的系统要能操纵和控制，便于检验和修改，模型中要有可控变量。

5) 数学模型优势

(1) 变量的可扩展性。对于实物模型或物理模型而言，由于物理条件的限制，可同时模拟的变量数较少，而数学模型则不受此限制，可同时进行多个变量的模拟。对于数学模型而言，变量的可扩展范围很大，在实物模型上或原型上无法完成的特殊或极端条件下的模拟试验，在数学模型中则可以很容易做到。

(2) 结构与参数的可调性。数学模型是对环境系统进行简化后的数学描述，其数学模型结构可根据问题的需求进行调整，如增加或减少某一变量或过程。数学模型中的相关参数也可以根据问题本身进行调节和改变。

(3) 研究问题的经济性。用数学模型对实际系统进行模拟时，不需要过多的专用设备和空间，比较容易实现，而且不受外界恶劣条件影响，可以加快模拟研究的进度。

(4) 强大的分析功能。数学模型所获得的数据量非常庞大，基于这些数据可完成众多的统计、分析任务。

(5) 克服空间限制。在环境科学与工程领域，常常需要对大范围区域进行研究，如流域、区域、全球环境，对物理模型来说这几乎是不可能的，而数学模型可以做到。

6) 数学模型的局限性

(1) 一个环境问题往往存在众多的变量，这些变量之间，各个变量与其周围的环境之间存在着复杂的物质、能量和信息的变换，一个模型不可能包含所有的变量，也不能反映每一个变量的全部运动规律。它只能是对实际对象的抽象和简化，而这种抽象和简化在一程度上偏离了事物原来特征或仅反映事物某些特征，使模拟结果与实际系统产生差异。因此，模型结论的精确性是近似的，通用性是相对的。

(2) 由于系统本身的复杂性，以及人在认识上和技术上的局限性，数学模型仅能够对系统进行粗略的近似，模型本身存在着固有误差，如果不切实际地要求提高精度，会使模型变得十分复杂、计算困难或根本无法获得可靠的解答。

一个最好的数学模型也不会比实际系统更真实。尊重客观、尊重实际是建立模型和应用模型的重要原则。

1.4.2　数学模型的分类

1) 模型变量的随机性

确定性模型：输入、输出均确定，变量变化服从某种确定性规律。

非确定性模型：输入是随机的，解是不稳定的，不具有唯一性。

2) 环境变量和时间关系

稳态模型：系统内物质质量不随时间而变。稳态模型在环境系统工程中的应用十分广泛。而且，有时为了简化环境问题，常常通过分析稳态模型来了解动态系统中一些典型情况的状态，如用短时间内平均风速和风场估计烟囱排放污染物在大气中的扩散情况。

动态模型：系统内物质质量随时间而变化。

3) 空间维数

一维模型：当污染物浓度的空间分布只在一个方向上存在显著差异时，常常采用一维模型进行描述。一维模型仅在一个方向存在浓度梯度。

二维模型：当污染物的浓度分布在横向也存在显著差异时，如大型河流、河口、海湾浅湖及点源或线源大气污染的模拟，就需要考虑建立二维模型。

三维模型：当污染物浓度在空间任意方向上都有明显差异时，如深海排污、大气质量的模拟和预测，就需要考虑建立三维模型。

4) 物质的输移特性

平流模型：可忽略扩散项时。

扩散模型：可忽略平流项时。

平流扩散模型：两项均不可忽略时。

5) 反应动力学的性质

纯输移模型。

纯反应模型。

输移及反应模型。

生态模型。

6) 模型的用途

模拟模型：模拟模型主要用于环境系统行为的模拟、预测和评价。

管理模型：管理模型用于环境系统的规划和管理及决策方面。

模拟模型是管理模型的基础。本课程以模拟模型为主，介绍较为成熟的数学模型。

1.4.3　数学模型的基本结构

1) "黑箱" 理论

对环境系统内部结构和行为不清楚，通过实验或现场实测方法得到系统输入-输出规律，常用传递函数来描述系统。"黑箱" 模型属于纯经验模型，是根据系统的输入、输出数据建立各个变量之间的关系，而完全不探究内在的机理。"黑箱" 模型往往是针对一个具体系统或一种具体状态建立的。因此其应用也是有条件的，其条件应该与建立模型的数据来源的条件一致。

2) "白箱" 理论

"白箱" 模型又称机理模型，即可较清楚地把握所研究环境系统的内部结构及变化规律，应用既有的科学知识进行系统描述而建立的系统模型。适用于对环境系统内部结构和行为已掌握清楚的情况，如牛顿三大定律在低速运动范围内是普遍适用的。一个完全的 "白箱" 模型很难获得。

3) "灰箱" 理论

介于上述两者之间，对系统内部结构和行为的主要部分清楚，其他部分不清楚，是 "白箱" 与 "黑箱" 理论相结合的一种方法，又称为半机理模型。由于对客观事物认识的不充分，可能需要用经验系数来加以定量化。这些经验系数的确定则要借助于以往的观测数据或试验结果。例如，河流水体中 BOD 浓度随时间的降解规律可用一级反应动力学方程来描述，即 $dC/dt=-kt$，但它们之间量的关系还需要借助一个降解系数 k 来确定。k 的数值取决于温度、流速等环境因素，一般不易由推理获得，只能由实验等手段确定。

实际中，由于"白箱"模型较难获得，"黑箱"模型的应用又受到限制。因此，"灰箱"模型是应用较多的一类模型。一般"灰箱"模型根据大量资料和数据建立变化之间的原则关系及输入、输出数据确定待定系数。

1.4.4 数学模型的建立步骤

环境系统数学模型的建立步骤如图 1.4 所示。

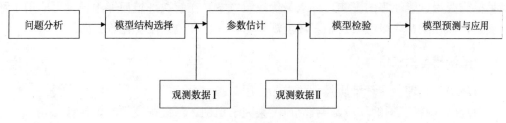

图 1.4 数学模型的建立步骤

1）问题分析

需要先分析问题，明确问题的背景和建模目的。

2）模型结构选择

模型结构的识别就是针对系统因素特性和建模目的作必要的模型假设，根据所取得的资料数据，进行分析判断、初选、比选等以确定模型的结构。一般可从现有的模型中选择，作为识别的出发点，然后运用相应的数学方法和判断准则，比选确定能够代表系统真实情况的模型类型。

3）参数估计

参数估计指如弥散系数 E、生物降解系数 k_1、大气复氧系数 k_2 等的估值。参数估计数值准确与否，直接关系模型的实际应用中能否正确模拟实际情况，是一项极其重要的工作。实际上，水质模拟过程也就是对系统模型进行识别，对模型参数进行估计，再用实际观测值进行检验、调整的反复试验过程。参数估值在建立模型的过程中占有重要地位，但是在模型进入应用阶段之前，还必须进行模型检验。模型检验所用的数据对于参数估值来说应该是独立的，即一个模型的建立至少需要两套独立的数据。

4）模型检验

模型的检验包括模型精确度验证和模型可靠性验证。模型精确度是指模型的计算结果和实际观测数据之间的吻合程度。主要通过对计算结果进行误差分析来判断。原因：①建模时做过一些假定。②原始数据误差可能使参数估计产生误差。模型的检验就是用实测的输入/输出数据和已确定参数的计算输出数据来进行比较，以确定模型是否满足精度要求。

5）灵敏度分析

任何数学模型都是建立在一些参数之上的，尤其是"灰箱"模型和"黑箱"模型。任何数据的获得都会由于各种各样的因素存在着一定的误差，这样必然会导致所估计的参数存在着一些不确定性。这种不确定性对模型模拟预测结果的影响程度可以通过对模型的灵敏度分析来实现。灵敏度分析是分析模型参数变动时所造成的影响。首先变动一个参数，其余参数保持不变，然后检查目标函数的变化程度，若变化不大，说明目标函数对这个参数不敏感，对这个参数的估计可不要求很准确，若特别不敏感，说明这个参数在该模型中是多余的，可剔除。

6) 模型预测与应用

利用所构建的数学模型来分析污染控制过程中的可调因素(或各种可替换方案)对环境目标或费用、能耗等的影响，寻求最优决策方案。在解决环境问题中模型可应用于环境质量模拟预测、环境污染控制、环境规划与管理、环境系统优化等方面。

1.4.5　数学模型的应用

1) 环境影响评价和环境质量预测中的应用

(1) 新、改扩工程的环境影响评价(污染因子识别、污染程度预测模式等)。

(2) 对城市结构变化、人口增长、污染物增长、能源结构改变和经济发展等造成的环境质量变化进行预测。

2) 环境规划和管理中的应用

(1) 确定减少排放污染物的数量。

(2) 制定环境质量标准和排放标准。

(3) 对不同治理方案的经济性、有效性的分析。

3) 污染物治理和给水、排水、水资源利用等方面的应用

(1) 城市污水处理流程优化。

(2) 污染治理最佳运行控制。

(3) 给排水管网系统的优化、多目标水资源开发等。

【案例 1-4】钱塘江上游水环境系统建模

1) 问题分析

近年来随着钱塘江流域社会经济的快速发展，水资源供需矛盾剧增，污染负荷逐年增加，局部水域水质恶化，流域水环境污染问题已直接影响饮用水安全、水生态安全和水资源可持续利用，成为制约流域经济社会可持续发展的重大瓶颈。钱塘江水质保护需要以科学研究为基础，在明确认识水体污染机理和污染物在水体中迁移、转化、降解机理的基础上，在明确水体污染物浓度对边界水文潮汐条件响应机制的前提下，有针对性地、有的放矢地采取减污、截污和治污措施，实现水质改善和保护的目的。通过构建钱塘江水环境数学模型可更深入地了解全河段的水质变化过程，能够对假设条件下(不同的水文条件、不同的污染负荷)的水质响应做出预测，预测结果可对水环境保护和规划提供重要的技术支持。

2) 模型结构确定

由于钱塘江流域富春江电站以上水系干支流交叉，河道较多，河宽相对较窄，水深相对较浅，污染物浓度在河宽和水深方向上变化相对较小，因此水质模拟采用一维水质模型，仅考虑污染物浓度沿河流流向的变化。富春江电站以下河道逐渐展宽，宜采用二

维水流水质耦合模型，考虑流向和河宽方向的浓度梯度变化。此处重点介绍一维水质模型的构建，一维模型的计算范围、边界条件和控制方程分别论述如下。

(1) 模型计算范围。根据研究问题的需要，一维模型的计算范围界定为富春江电站以上流域，具体包括钱塘江干流衢江、兰江、富春江，以及一级支流江山港、灵山港、常山港、金华江(含东阳江、武义江)、新安江，具体计算范围见图 1.5。

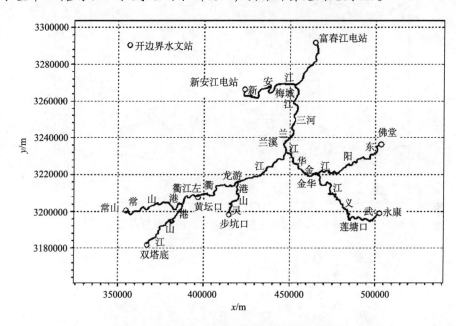

图 1.5 钱塘江上游计算区域内河道概化图

(2) 河道概化。共收集 101 个原始测量断面，为满足模型计算要求，依据河道坡降、地面高程等因素，在断面稀疏河段增加了部分断面，断面间距为 1~5km，共概化了 137 个断面。依据所获取的断面资料情况对流域水系进行概化，概化后的河道见图 1.5。

(3) 边界条件概化。边界条件包括水文边界、水质边界及流入流出河道的污染源。水文边界概化：包括河道开边界和区间入流。开边界共 7 个，包括 6 个流量边界和 1 个水位边界；区间入流共有 10 个，以线源旁侧入流形式加入；以 2003 年、2004 年的水文资料作为水流验证的基础数据，区间入流采用将上下游水文站流量差值按区间各汇入河流的集水面积进行分配的方法处理。水质边界概化：采用常山、双塔底、步坑口、永康、佛堂、新安江电站水质监测断面 2003 年、2004 年各月实际监测值作为水质上边界条件，富春江电站水质监测断面 2003 年、2004 年各月监测值作为水质下边界条件。污染源概化：依据调查的 2002 年工业、生活、规模养殖及面源污染源资料可知，模型计算范围内共有 3000 余个污染源排放点，且空间分散，具体分布如图 1.6 所示。

(4) 建立数学模型控制方程。包括水流控制方程和水质控制方程。水流模型采用一维非恒定流动方程组：

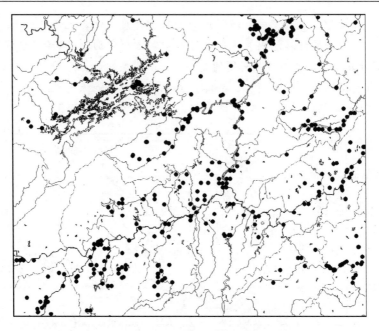

图 1.6   钱塘江上游计算区域内污染源分布图

$$\frac{\partial Z}{\partial t} + \frac{1}{B}\frac{\partial Q}{\partial X} = q$$

$$\frac{\partial Q}{\partial t} + 2u\frac{\partial Q}{\partial X} + Ag\frac{\partial Z}{\partial X} = u^2\frac{\partial A}{\partial X} - g\frac{Q|Q|}{C^2 R} + q_i(u - u_0)$$

(1-4)

式中，$Z(x,\ t)$ 为断面平均水位，m；$Q(x,\ t)$ 为断面流量，m³/s；$A(x,\ t)$ 为断面面积，m²；$u(x,\ t)$ 为断面平均流速，m/s；C 为谢才系数；q_i 为单位河长上的支流流量。定解条件为水流的初值与边界值。水流初始条件：$t=0$，$Z(x,\ t)=Z(x,\ 0)$，$Q(x,\ t)=Q(x,\ 0)$。边界条件：当 $x=0$ 时，$Z(x,\ t)=Z(0,\ t)$，当 $x=L$ 时，$Z(x,\ t)=Z(L,\ t)$。

水质模型以对流扩散模型为基础，该模型考虑污染物的对流扩散与线性降解机理。

$$\frac{\partial AC}{\partial t} + \frac{\partial QC}{\partial x} - \frac{\partial}{\partial x}\left[AD\frac{\partial C}{\partial x}\right] = -AKC + C_2 q$$

(1-5)

式中，C 为污染物浓度；D 为污染物弥散系数；A 为断面过水面积；Q 为流量；K 为降解系数；C_2 为污染物的点源浓度；q 为污染物的点源流量；x 为空间步长；t 为时间步长。

定解条件为浓度的初值与边界值。浓度初始条件：$t=0$，$C(x,\ t)=C(x,\ 0)$。边界条件：当 $x=0$ 时，$C(x,\ t)=C(0,\ t)$；当 $x=L$ 时，$C(x,\ t)=C(L,\ t)$。

3）参数估计

主要估计参数为河床糙率 n、水体中 COD_{Mn} 的降解系数 K。通过调整河床糙率 n 值使数学模型计算的水位过程线与实测站位的水位过程线基本吻合；通过调整降解系数 K 使模型计算的 COD_{Mn} 浓度过程线与实际监测站位的 COD_{Mn} 浓度过程线基本吻合。

4）模型校验

以衢江左、兰溪、金华、三河、莲塘口、龙游和梅城水质监测断面作为验证断面。

2003 年水质指标 COD_{Mn} 的验证结果见图 1.7。可以看出，衢江左和金华断面 2003 年 10 月、11 月、12 月的 COD_{Mn} 计算误差较大，计算值高于实测值，其余时期水质验证断面 COD_{Mn} 的计算值与实际监测值吻合较好。

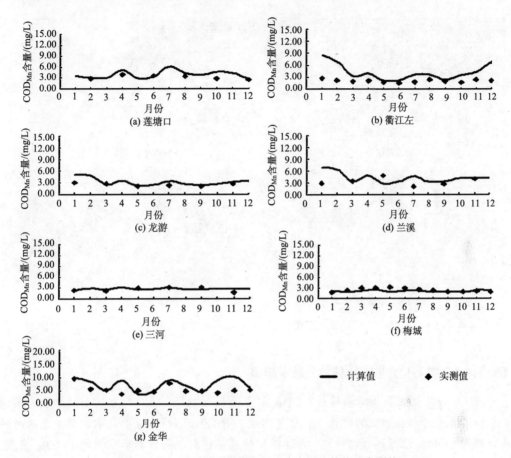

图 1.7　2003 年各监测断面 COD_{Mn} 含量计算值及实测值

5) 模型预测和应用分析

所建立的水质模型主要用于流域水资源配置及污染负荷削减的水质响应情景分析。根据不同规划水平年的水资源配置方案及污染负荷削减量（NH_3-N 削减量分别为 25%、50% 和 75%，COD_{Mn} 削减量分别为 15%、30% 和 45%）情况，设计富春江电站上、下游水质预测情景方案。利用所建立的水质模型对设计方案进行水质模拟，分析不同水文条件和污染物负荷削减量对水系水质的影响。

【案例 1-5】突发水污染事故的数学建模

以浙江省钱塘江河口为研究对象[研究范围见图 1.8(a)，河床地形见图 1.8(b)]，分析上游突发水污染事故形成的污染团在河流中的迁移扩散规律、影响范围、事故下游各断面水质变化过程，以及取水口等敏感点的超标时间及超标程度[图 1.8(c) 为污染团平面扩散图，图 1.8(d)为污染质点轨迹线]。通过研究钱塘江河口上游水库控制运行对下游突发水污染事故的调控效应，分析事故污染团随水库下泄水量之间的变化关系，从而提高水库放水冲污调度决策的科学性。

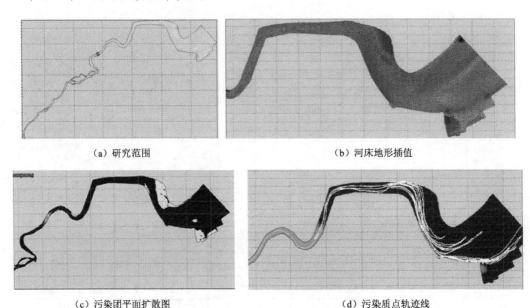

（a）研究范围　　　　　　　　　　　　（b）河床地形插值

（c）污染团平面扩散图　　　　　　　　　（d）污染质点轨迹线

图 1.8　钱塘江河口突发水污染事故模拟

【案例 1-6】某石化企业污水排放的数学建模

图 1.9 为某化工企业污水排放 COD_{Mn} 的水质模拟结果，排放污水的受纳水域为某湾口水域，排放污水在潮流的作用下，往复回溯。图 1.9(a)和(b)分别表示潮涨和潮落时排放口周围 COD_{Mn} 浓度的模拟情况；通过模拟结果可得到任一时刻和空间的 COD_{Mn} 浓度，从而可计算排放口周边水域 COD_{Mn} 的超标区域、超标面积和超标程度。

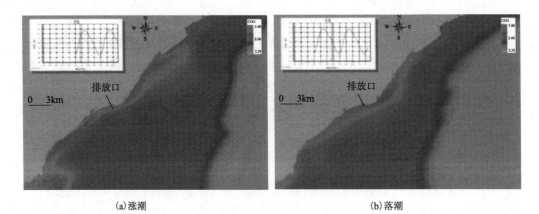

(a)涨潮　　　　　　　　　　　　　　(b)落潮

图 1.9　某化工企业排放 COD 的水质模拟

【案例 1-7】某电厂的烟羽传输与扩散的数学建模

　　在电厂烟气传输与扩散中，烟羽中心线抬升高度和烟气的最大落地浓度值是大气环境影响评价中比较关心的数据。本案例利用 FLUENT 软件对某电厂（电厂烟囱高 200m，出口直径为 6m，风速为 2m/s，烟气排放速度为 4m/s）排放的 SO_2 的传输与扩散过程进行模拟，得到不同风速条件下烟羽中心线的抬升高度和烟气中 SO_2 最大落地浓度值（图 1.10）。通过分析不同风速下烟气的烟羽中心线高度图可以得到不同风速时的烟羽中心线的抬升高度。而烟羽中心线抬升高度增加有利于高架烟羽的传输与扩散，有利于烟气与空气的相互混合，从而有利于提高电厂周围的环境质量。通过分析不同风速下烟气的 SO_2 落地浓度图可以得到不同风速时的 SO_2 的最大落地浓度，从而可以分析出不同风速下 SO_2 的最大落地浓度是否符合国家排放标准。总之，对烟气的数值模拟可为该电厂所在区域的大气环境预测与治理提供数据支持。

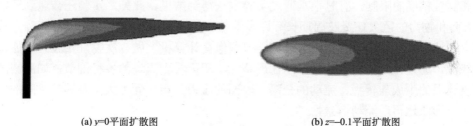

　　(a) $y=0$ 平面扩散图　　　　　　　　　　(b) $z=-0.1$ 平面扩散图

图 1.10　某电厂烟羽传输与扩散的模拟结果（SO_2）

1.5　环境构筑物数学建模与分析导论

　　在环境工程实践中，也发展了许多环境构筑物或环境设备用于污染物去除，如污水处理厂的平流式沉淀池、卡鲁塞尔氧化沟、工业领域的旋风除尘器等。这些环境构筑物或环保设备在运行过程中均涉及复杂的流体流动和传质。传统的理论分析或试验研究方法仍不足以很好地对其内部环境变化的过程进行定量描述，而计算流体力学（computational fluid dynamics，CFD）方法可以弥补理论分析和试验方法的不足，从而促进对环保设施的最优化设计。CFD 数值模拟的优点在于效率高，经济快速，且能模拟各种工况。因此，CFD 技术已经逐步在环境领域得到了推广和应用。

1.5.1　计算流体力学

1）计算流体力学概述

　　计算流体力学，其基本定义是通过计算机进行数值计算和图像显示，分析包含流体流动和热传导等相关物理现象的系统。CFD 进行流动和传热现象分析的基本思想是利用一系列有限个离散点上的变量值的集合来代替空间域上连续物理量的场，如速度场和压力场；然后按照一定的方式建立这些离散点上场变量之间关系的代数方程组，通过求解代数方程组获得场变量的近似值。

CFD 可以看成在流动基本方程(质量守恒方程、动量守恒方程、能量守恒方程)控制下对流动的数值模拟。通过 CFD 数值模拟，得到复杂问题基本物理量(如速度、压力、温度、浓度等)在流场内各个位置的分布，以及这些物理量随时间的变化情况，确定漩涡分布特性、空间特性及脱流区等。还可据此计算出相关的其他物理量，如旋转式流体机械的转矩、水力损失和效率等。CFD 在环境工程中已经得到初步的应用。在环境污染扩散及控制中，存在很多流动的介质，通过利用形象化的计算流体力学软件对这些"流体"进行模拟，可以了解污染物的扩散规律，进而对污染控制提供技术支持。

CFD 方法与传统的理论分析方法、实验测量方法组成了研究流体流动问题的完整体系。理论分析方法的优点在于所得结果具有普遍性，各种影响因素清晰可见，是指导实验研究和验证新的数值计算方法的理论基础。但是，它往往要求对计算对象进行抽象和简化，才有可能得出理论解。实验测量方法所得到的实验结果真实可信，是理论分析和数值方法的基础，其重要性不可低估。然而，实验往往受到模型尺寸、流场扰动、人身安全和测量精度的限制，有时很难通过实验方法得到结果。此外，实验还会遇到经费投入、人力和物力的巨大耗费及周期长等许多困难。而 CFD 方法恰好克服了前两种方法的弱点，在计算机上实现一个特定的计算，就好像在计算机上做一次物理实验。例如，机翼的绕流，通过计算并将其结果显示在屏幕上，即可看到流场的各种细节，如激波的运动强度、涡的生成与传播、流动的分离、表面的压力分布、受力大小及其随时间的变化等，可以形象地再现流动情景。

2) FLUENT 软件的功能特点

本书中采用的 CFD 软件为由美国 FLUENT 公司于 1983 年推出的 FLUENT 软件，它是目前功能最全面、适用性最广、国内使用最广泛的 CFD 软件之一，用于计算流体流动和传热问题的程序。只要涉及流体、热传递及化学反应等的工程问题，都可以用 FLUENT 进行解算。它具有丰富的物理模型、先进的数值方法及强大的前后处理功能，在航空航天、汽车设计、石油天然气、涡轮机设计等方面都有着广泛的应用。

1.5.2　FLUENT 软件基本结构

FLUENT 软件包括三个基本环节：前处理、求解和后处理。与之对应的程序模块常简称前处理器、求解器、后处理器。以下简要介绍这三个程序模块。

1) 前处理器

前处理器(preprocessor)用于完成前处理工作。采用 GAMBIT 前处理软件来建立几何形状和生成网格，然后由 FLUENT 进行求解。也可以用 ICEM CFD 进行前处理，由 TecPlot 进行后处理。在前处理阶段需要用户进行以下工作。

(1) 定义所求问题的几何计算域。

(2) 将计算域划分成多个互不重叠的子区域，形成由单元组成的网格。

(3) 对所要研究的物理和化学现象进行抽象，选择相应的控制方程。

(4) 定义流体的属性参数。

(5) 为计算域边界处的单元指定边界条件。

(6) 对于瞬态问题，指定初始条件。

　　流动问题的解是在单元内部的节点上定义的,解的精度由网格中单元的数量所决定。一般来说,单元越多,尺寸越小,所得到的解的精度越高,但所需要的计算机内存资源及 CPU 时间也相应增加。为了提高计算精度,在物理量梯度较大的区域,以及人们感兴趣的区域,往往要加密计算网格。在前处理阶段生成计算网格时,关键是要把握好计算精度与计算成本之间的平衡。目前在使用商用 CFD 软件进行 CFD 计算时,有超过 50%以上的时间花在几何区域的定义及计算网格的生成上。可以使用 CFD 软件自身的前处理器来生成几何模型,也可以借用其他商用 CFD 或 CAD/CAE(如 Patran、ANSYS、I-DEAS、Pro/ENGINEER)等软件提供的几何模型。

　　2)求解器

　　求解器(Solver)是 CFD 软件包的核心,FLUENT 实际上是一个求解器,FLUENT6.3.26是一个基于非结构化网格的通用求解器,支持并行计算,分单精度和双精度两种。一旦所生成的网格读入 FLUENT 中,所有剩下的操作就都可以在 FLUENT 里面完成,包括设置边界条件、定义材料性质、执行求解、根据计算结果优化网格、对计算结果进行后处理等。

　　求解器的核心是数值求解算法。常用的数值求解方案包括有限差分、有限元和有限体积法等。总体上讲,这些方法的求解过程大致相同,包括以下步骤:①使用简单函数近似待求的流动变量;②将该近似关系代入连续性的控制方程中,形成离散方程组;③求解代数方程组。

　　各种数值求解方案的主要差别在于流动变量被近似的方式及相应的离散化过程。

　　3)后处理器

　　后处理的目的是有效地观察和分析流动计算结果。包括:计算域的几何模型及网格显示;矢量图(如速度矢量图);等值线图;填充型的等值线图(云图);X、Y 散点图;粒子轨迹图;图像处理功能(平移、缩放、旋转等)。借助后处理功能,可以动态模拟流动效果,直观地了解 CFD 的计算结果。

1.5.3　FLUENT 的基本模型

1. 湍流模型

FLUENT 软件中的湍流模型及其功能如表 1.2 所示。

表 1.2　FLUENT 软件中的湍流模型及其功能

模型	功能与主要适用范围
混合长度模型	零方程模型,模拟简单的流动,计算量小
Spalart-Allmaras	针对大网格的低成本湍流模型,适于模拟中等复杂的内流和外流,以及压力梯度下的边界层流动(如螺旋桨、翼型、机身、导弹和船体等)
标准 k-epsilon	鲁棒性最好,优点和缺点非常明确,适于初始迭代、设计选型和参数研究
RNG k-epsilon	适于涉及快速应变、中等涡、局部转换的复杂剪切流动(如边界层分离、块状分离、涡的后台阶分离、室内通风等)

续表

模型	功能与主要适用范围
Realizabl k-epsilon	与 RNG k-epsilon 性能类似，计算精度优于 RNG k-epsilon 模型
标准 k-ω	在模拟近壁面边界层、自由剪切和低雷诺数流动时性能更好。可以用于模拟转捩和逆压梯度下的边界层分离(空气动力学中的外流模拟和旋转机械)
SST k-ω	与标准 k-ω 性能类似，对壁面距离的依赖使得它不适合于模拟自由剪切流动
雷诺应力	最好的基于雷诺平均的湍流模型。避免各向同性涡黏性假设，需要更多的 CPU 时间和内存消耗，适于模拟强旋转流和涡的复杂三维流动
大涡模拟	模拟瞬态的大尺度涡，通常和 F-W-H 噪声模型联合使用
分离涡模拟	改善了大涡模拟的近壁处理，比大涡模拟更加实用，可以模拟大雷诺数的空气动力学流动
V2F 湍流模型	与标准 k-ω 相似，但结合了近壁湍流各向异性和非局部压力应变效应

2. 离散相模型

FLUENT 软件中的离散相模型可采用拉格朗日方法研究稀疏两相流问题。颗粒相可以是液体或气体中的固体颗粒，也可以是液体中的气泡，以及在气体中的液滴。FLUENT 软件中的离散相模型具备以下功能：①颗粒可以和连续相交换热、质量和动量；②每一个轨道表达具有相同初始特性的一组粒子；③可以采用随机轨道模型或粒子云模型模拟湍流耗散。

FLUENT 软件中还包含以下面向具体工程问题的子模型：①离散相的加热和冷却；②液滴的蒸发和沸腾；③可燃性粒子的挥发和燃烧；④丰富的雾化模型可以模拟液滴的破碎和凝聚；⑤颗粒的腐蚀和成长。

3. 多相流模型

多相流是指有两种或者两种以上不同相的物质同时存在的一种流体运动。例如，气井中喷出的流体以天然气为主，但也包含一定数量的液体和泥，这是比两相更复杂的一种流动。在 FLUENT 中，共有三种多相流模型，即 VOF(volume of fluid)、混合物(mixture)模型、欧拉(Eulerian)模型。

1) VOF 模型

VOF 模型是一种在固定的欧拉网格下的表面跟踪方法。当需要得到一种或多种相互不相容流体间的交界面时，可以采用这个模型。在 VOF 模型中，不同的流体组分共用着一套动量方程，计算时在整个流场的每个计算单元内，都记录下个流体组分所占有的体积率。VOF 模型应用的例子包括分层流、自由面流动、灌注、晃动、液体中大气泡的流动、水坝决堤时的水流及求得任意液-气分界面的稳态或瞬态分界面。

2) 混合物模型

混合物模型可用于两相流或多相流(流体或颗粒)。因为在欧拉模型中，各相被处理为相互贯通的连续体，混合物模型求解的是混合物的动量方程，并通过相对速度来描述离散相。混合物模型的应用包括低负载的粒子负载流、气泡流、沉降和旋风分离器。混合物模型也可用于没有离散相相对速度的均匀多相流。

3) 欧拉模型

欧拉模型是 FLUENT 中最为复杂的多相流模型。它建立了一套包含有 n 个动量方程和连续方程来求解每一相。压力项和各界面交换系数是耦合在一起的。耦合的方式则依赖于所含有的情况，颗粒流(流-固)的处理与非颗粒流(流-流)是不同的。欧拉模型的应用包括气泡柱、上浮、颗粒悬浮和流化床。

4. 组分输运与化学反应模型

组分输运与化学反应模型包括组分输运模型和化学反应模型。在 FLUENT 软件的化学反应模型中，通过求解对第 i 组分的对流-扩散方程来计算每个组元的当地质量分数 Y_i，对流-扩散方程使用下面一般形式的质量守恒方程：

$$\frac{\partial}{\partial t}(\rho Y_i) + \nabla(\overline{v} Y_i) = -\nabla \overline{J}_i + R_i + S_i \tag{1-6}$$

式中，$\overline{J}_i$ 为组分 i 的扩散通量；R_i 为系统内部单位时间内单位体积通过化学反应消耗或生成该组分的净生成率；S_i 为通过其他方式所生成该种组分的净生产率及用户自己定义的其他质量源项。对于用户定义的模型，如果系统中存在 N 个流体相化学组分，需要求解 N-1 个这样的方程，然后根据质量守恒原理，所有组分的质量分数之和等于 1，通过 1 减去所得到的 N-1 个质量分数就得到第 N 组分的质量分数。因此，为使数值误差最小化，应当将所有组分中质量分数最大的组分作为第 N 组分。

【案例 1-8】旋风除尘器内部流场模拟

旋风除尘器是最早的除尘器之一，它是利用含尘气流的旋转运动，借助于离心力将尘粒从气流中分离并捕集于器壁，再借助重力作用使尘粒落入灰斗，实现除尘的目的。旋风除尘器主要由进气口、出气口、主筒体、分离斗四个部分组成。气流进入旋风分离器后，将沿着桶壁作逐渐向下的圆周运动，形成外旋流。由于旋转产生的离心作用，气体中重度大于气体的固体颗粒被甩向桶壁，颗粒接触桶壁后将随外围螺旋气流沿着桶壁下落，最终掉出颗粒捕尘口。而外围螺旋气流的作用使圆桶中心区域形成低压区，将运动至底部的气流向上吸引，并以同样的旋转方向向上运动形成内旋流，最终从出气口排出(图 1.11)。

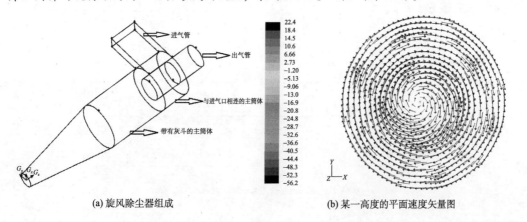

(a) 旋风除尘器组成　　　　　　　　　　　(b) 某一高度的平面速度矢量图

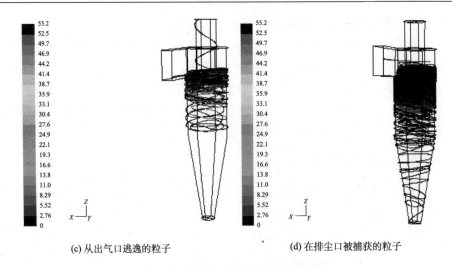

(c) 从出气口逃逸的粒子　　　　　　　　　(d) 在排尘口被捕获的粒子

图 1.11　旋风除尘器内部流场模拟图

　　旋风除尘器虽然结构简单，但其内部的流体流动为三维强旋转和高强度湍流的两相流运动，流动规律非常复杂，很难用实验或解析的方法来获得其内部流场的运动情况。而数值计算技术可以对旋风除尘器内部流场进行数值模拟，确定各个方向的速度、压力等分布，模拟颗粒的运动轨迹，分析该旋风除尘器对不同粒径颗粒的捕集能力，从而给旋风除尘器结构的优化提供参考。该案例中旋风除尘器的具体尺寸及模拟细节详见 5.2 节。

【案例 1-9】沉淀池模拟

　　沉淀池是应用沉淀作用去除水中悬浮物的一种构筑物。沉淀池在废水处理中广为使用。它的形式很多，按池内水流方向可分为平流式、竖流式和辐流式三种。这里以平流式沉淀池为例进行数值模拟。平流式沉淀池由进水口、出水口、水流部分和污泥斗四个部分组成(图 1.12)。平流沉淀池的沉淀效果会受到沉淀池尺寸结构的影响，为了优化沉淀池的结构，提高沉淀池的工作效率，该案例采用数学建模的方法对影响沉淀效果的参数(进水口高度、挡板深度和挡板水平位置)进行模拟分析。该案例中沉淀池的具体尺寸及模拟细节详见 5.1 节。

(a) 平流式沉淀池结构图(L=35m，H=4m，H_1=4m)

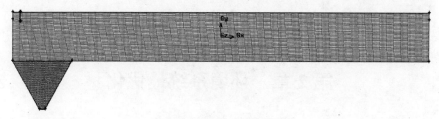

(b) 基于GAMBIT的网格划分图

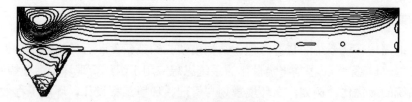

(c) 平流式沉淀池流函数图

(d) 平流式沉淀池悬浮物分布图

图 1.12 平流式沉淀池数学模拟结果

第 2 章　环境系统最优化

2.1　环境系统最优化模型概述

2.1.1　环境系统最优化模型

通常把描述环境系统的状态方程、结构模型、约束条件和目标函数统称为环境系统最优化模型。环境系统工程是将定量化的系统思想应用于组织管理环境污染控制系统上，寻求全系统的最优化。例如，在环境规划与管理、环境工程设计、环境工程效益等问题中，人们总希望采取种种措施，在有限资源条件或规定的约束条件下，获得最佳结果。最优化是从所有可能方案中选择最合理的方案以达到最优目标的过程。一些系统分析问题如具有以下特性(①目标清楚且可定量化；②能用一个合适的、易解的数学模型描述；③有充分的数据说明不同解的影响；④不存在明显的最优解)，就可以通过最优化技术与系统的数学模型相结合，形成最优化模型。

最优化模型一般形式为

$$\max(\min)Z = f(x_1, x_2, \cdots, x_n) \tag{2-1}$$

s.t. $\qquad\qquad g_i(x_1, x_2, \cdots, x_n) \geqslant (=, \leqslant) b_i \ (i=1, 2, \cdots, m) \tag{2-2}$

最优化模型由决策变量 $(x_1, x_2, \cdots, x_n)$、目标函数 $Z = f(x_1, x_2, \cdots, x_n)$ 和约束条件 $g_i(x_1, x_2, \cdots, x_n) \geqslant (=, \leqslant) b_i(i=1, 2, \cdots, m)$ 构成。其中，可使目标函数 Z 最大化或最小化；约束条件方程组确定了决策变量的可行性，它可以是等式或不等式，式(2-2)右端 $b_i(i=1, 2, \cdots, m)$ 为常数。满足式(2-2)约束条件的任何组合均为最优化模型的可行解，使 Z 最大或最小的可行解即为模型的最优解。

系统最优化的概念是相对的，实际工程技术或社会经济问题中绝对的最优化解是不存在的，这是因为进行系统分析时要受到许多客观条件的限制，所建立模型只能是对问题本质的描述，难以寻求使目标函数达到最优值的解。因此，系统分析的最优化标准不可能追求绝对最优化，应当有一个"有限合理性标准"，即"满意标准"。满意标准即当影响结果的几个目标之间相矛盾时，在几个矛盾的目标中找到一个较为合适的解，使其达到较为满意的效果。例如，在水库水位的优化调度中，就发电效益的目标而言，希望水库水位控制的越高越好；就防洪效益的目标而言，希望水库水位控制的越低越好，以提供更多的防洪库容；就供水效益的目标而言，希望水库水位控制的越高越好。因此，优化调度的几个目标间是相互矛盾的，不可能使各个目标同时都达到最优值，但可以找到相对的"满意"解。

2.1.2　最优化模型求解方法

该处阐述一下求解线性规划、非线性规划和整数规划的 MATLAB 命令。由于同学们已经系统学习了 MATLAB 程序设计与应用课程，已经具备了 MATLAB 的编程基础，因此该处不再对求解命令做过多的注解。

1) 线性规划求解

[x,fval]= linprog(f,A,b)

[x,fval] = linprog(f,A,b,Aeq,beq)

[x,fval] = linprog(f,A,b,Aeq,beq,lb,ub)

[x,fval] = linprog(f,A,b,Aeq,beq,lb,ub,x0)

[x,fval] = linprog(f,A,b,Aeq,beq,lb,ub,x0,options)

[x,fval] = linprog(problem)

[x,fval,exitflag] = linprog(f,A,b,Aeq,beq,lb,ub,x0,options)

[x,fval,exitflag,output] = linprog(f,A,b,Aeq,beq,lb,ub,x0,options)

[x,fval,exitflag,output,lambda] = linprog(f,A,b,Aeq,beq,lb,ub,x0,options)

注：f 是目标函数的系数向量；A 是不等式约束 A·x≤b 的系数矩阵；b 是不等式约束 A·x≤b 的常数项；Aeq 是等式约束 Aeq·x=beq 的系数矩阵；beq 是等式约束 Aeq·x=beq 的常数项；lb 是 x 的下限；ub 是 x 的上限；x0 是初值；problem 为结构体，通过优化工具箱来创建；fval 是函数返回值；exitflag=1 表示函数收敛于解，反之，exitflag=0；output 输出有多个分量，lambda 为 λ。

2) 非线性规划求解

[x,fval] = fmincon(fun,x0,A,b)

[x,fval] = fmincon(fun,x0,A,b,Aeq,beq)

[x,fval] = fmincon(fun,x0,A,b,Aeq,beq,lb,ub)

[x,fval] = fmincon(fun,x0,A,b,Aeq,beq,lb,ub,nonlcon)

[x,fval] = fmincon(fun,x0,A,b,Aeq,beq,lb,ub,nonlcon,options)

注：fmincon 是求解目标 fun 最小值的内部函数；x0 是初值；A 和 b 是线性不等式约束；Aeq 和 beq 是线性等式约束；lb 是下边界；ub 是上边界。

3) 整数规划求解

[x,fval] = bintprog(f)

[x,fval] = bintprog(f,A,b)

[x,fval] = bintprog(f,A,b,Aeq,beq)

[x,fval] = bintprog(f,A,b,Aeq,beq,x0)

[x,fval] = bintprog(f,A,b,Aeq,Beq,x0,options)

[x,fval] = bintprog(problem)

[x,fval,exitflag] = bintprog(f,A,b,Aeq,Beq,x0,options)

[x,fval,exitflag,output] = bintprog(f,A,b,Aeq,Beq,x0,options)

参数含义参照上述线性规划的注解。

2.2　线　性　规　划

线性规划的一般表达式为

$$\max(\min) f = c_1 x_1 + c_2 x_2 + \cdots + c_n x_n \tag{2-3}$$

$$\begin{cases} a_{11}x_1 + a_{12}x_2 + \cdots + a_{1n}x_n \leqslant b_1 \\ a_{21}x_2 + a_{22}x_2 + \cdots + a_{2n}x_n \leqslant b_2 \\ \qquad\qquad\vdots \\ a_{m1}x_1 + a_{m2}x_2 + \cdots + a_{mn}x_n \leqslant b_m \end{cases} \tag{2-4}$$

式(2-3)表示由 n 个变量构成的目标函数，式(2-4)表示由 n 个变量和 m 个约束方程组成的约束条件，目标函数和约束条件都是线性方程。单纯型方法是求解线性规划问题的基本方法，简单的线性规划问题也可以用图解法求解。为了提高求解效率，本书中采用 MATLAB 软件编程来求解。一般情况下，线性规划可以得到全域最优解。

【案例 2-1】生产组合优化

某加工工厂有原材料 1000t，如果生产产品 A，废渣产生量为 0.9kg/t，收入 2 万元/t，成本 1 万元/t；如果生产产品 B，废渣产生量为 0.5kg/t，收入 1 万元/t，成本 3000 元/t。如果要求工厂废渣总量不允许超过 600kg，计算收益最大的生产组合。

1)解法一(编程法)

(1)问题分析。

确定决策变量：假设 x_1 和 x_2 分别为生产产品 A 和 B 的产量(t)。

目标函数：工厂收益(元)max$Z$=(20000–10000) x_1+(10000–3000) x_2。

约束条件：废渣总量不允许超过 600kg，即 0.9x_1+0.5x_2≤600。

原材料不超过 1000t，即 x_1+x_2≤1000。

产品数量应非负。

(2)建立模型。

max Z=(20000–10000) x_1+(10000–3000) x_2

0.9 x_1+0.5 x_2≤600

x_1+ x_2≤1000

x_1, x_2≥0

(3)编写程序(MATLAB)。

```
f=[-10000 -7000];
A=[0.9 0.5;1 1];
b=[600;1000];
lb=[0;0];
ub=[];
[x z]=linprog(f,A,b,[],[],lb,[])
```

(4)运行结果。

$x_1 = 250(t)$；$x_2 = 750(t)$

$Z = 775(万元)$

2)解法二(图解法)

问题的决策变量为 x_1 和 x_2，分别是产品 A 和 B 的生产量(t)，则工厂收益(元)为

$$Z = (20000 - 10000)x_1 + (10000 - 3000)x_2 = 1000x_1 - 7000x_2$$

所以，最优化模型为

$$\max Z = (20000 - 10000)x_1 + (10000 - 3000)x_2$$

$$\text{s.t.} \quad 0.9x_1 + 0.5x_2 \leqslant 600$$

$$x_1 + x_2 \leqslant 1000$$

$$x_1, x_2 \geqslant 0$$

模型的可行域如图 2.1 所示。

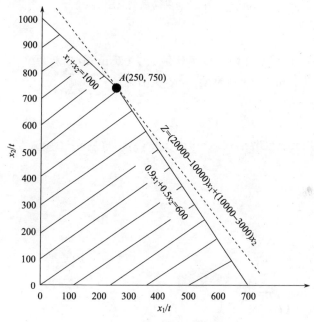

图 2.1 线性规划的图解法

由图 2.1 可以看出，问题的最优解应在可行域内使 Z 值达到最大的 x_1 和 x_2 的组合。根据这个最大化要求，可以在图中找到 A 点。A 点是可行域的一个顶点或称作极点，A 点的目标函数值最大。由图 2.1 可观察到最优化模型的解为

$x_1 = 250(t)$，$x_2 = 750(t)$，目标函数为 $Z = 775$ 万元。

【案例 2-2】水资源分配优化模型

有甲、乙两个水库同时给 A、B、C 三个城市供水，甲水库的日供水量为 28 万 m^3/d，乙水库的日供水量为 35 万 m^3/d，三个城市的日需水量分别为 A≥10 万 m^3/d、B≥15 万

m^3/d、$C \geq 20$ 万 m^3/d。由于水库与各城市的距离不等，输水方式不同，因此单位水费也不同。各单位水费分别为 $C_{11}=2000$ 元/万 m^3、$C_{12}=3000$ 元/万 m^3、$C_{13}=4000$ 元/万 m^3、$C_{21}=4500$ 元/万 m^3、$C_{22}=3500$ 元/万 m^3、$C_{23}=3000$ 元/万 m^3。试做出在满足三个城市供水的情况下，输水费用最小的方案（图 2.2）。

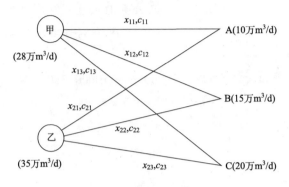

图 2.2　供需水关系图

1）问题分析

确定决策变量：设甲水库向三城市日供水量（万 m^3/d）分别为 x_{11}、x_{12}、x_{13}，乙水库向三城市日供水量（万 m^3/d）分别为 x_{21}、x_{22}、x_{23}。

2）建立模型

目标函数：

最小输水费用 $\min Z = C_{11}x_{11} + C_{12}x_{12} + C_{13}x_{13} + C_{21}x_{21} + C_{22}x_{22} + C_{23}x_{23}$

约束条件：

$x_{11} + x_{21} \geq 10$

$x_{12} + x_{22} \geq 15$

$x_{13} + x_{23} \geq 20$

$x_{11} + x_{12} + x_{13} \leq 28$

$x_{21} + x_{22} + x_{23} \leq 35$

$x_{11}, x_{12}, x_{13}, x_{21}, x_{22}, x_{23} \geq 0$

3）编写程序（MATLAB）

f=[0.2 0.3 0.4 0.45 0.35 0.3];

A=[-1 0 0 -1 0 0；0 -1 0 0 -1 0；0 0 -1 0 0 -1；1 1 1 0 0 0；0 0 0 1 1 1];

b=[-10 -15 -20 28 35];

lb=[0；0];

ub=[ ];

[X，$Z_{\min}$]=linprog(f，A，b，[]，[]，lb)

4）运行结果

x=[10 15 0 0 0 20]

$Z_{\min}=12.5$（万元）

由程序运行结果可知，甲水库向 A、B、C 三个城市的日供水量分别为 10 万 m^3/d、15 万 m^3/d 和 0 万 m^3/d，乙水库向 A、B、C 三个城市的日供水量分别为 0、0 和 20 万 m^3/d。

【案例 2-3】基于比例削减的污染物控制最优化模型

某城市化工园区内有三个污染源排放 SO_2。表 2.1 是三个污染源的污染物排放情况。据估算，它们排放的污染物总量可使区域大气环境中 SO_2 的浓度达到 $120\mu g/m^3$。假设该区域要求达到环境空气二类功能区要求，二类区适用二类浓度限值，即要求 SO_2 的年平均值浓度低于 $60\mu g/m^3$，因此必须对区域大气污染源排放进行控制。表 2.2 是各污染源控制方法及控制费用。请建立比例削减规划模型并求解。

表 2.1　各污染源的污染物排放情况

项目	工厂 1	工厂 2	工厂 3
单位产品排污/(kg/t)	9	11	4
总产品量/(万 t/a)	32	22	23

表 2.2　各污染源控制方法及控制费用

污染源控制方法	去除效率/%	控制方法的费用/(元/t)		
		工厂 1	工厂 2	工厂 3
不采取措施	0	0 (x_{11})	0 (x_{21})	0 (x_{31})
石灰石-石膏法	90	—	—	80 (x_{32})
循环流化床	80	70 (x_{13})	68 (x_{23})	72 (x_{33})
普通碱喷淋法	30	26 (x_{14})	22 (x_{24})	27 (x_{34})

注："—"表示该污染控制措施对污染源控制无效。

1）问题分析

比例削减模型：污染源排放的污染物数量的削减，将导致大气环境中污染物浓度的等比例下降。由此确定的最简单的控制方案是要求各个排放源按其排放的负荷比例进行削减。根据上述假设，一个地区的气象条件相对一致，污染源位置不变，若对所有污染源排放的污染物都以相同比例削减，则该地区的污染物浓度将以相同比例下降。比例削减模型的优点在于将环境质量目标要求转换为排放量控制目标要求，从而避开了复杂的大气污染物迁移计算。

依据比例削减的原理，需要将环境质量目标转换为排放量控制目标。根据本问题实际情况，要使环境空气质量达到二级标准，SO_2 的削减比例应为 (120-60)/120×100%=50%。这时的首要问题是确定决策变量，设 x_{ij} 为污染源 i 采用第 j 种控制方法的生产量（$j=1$ 表示不采取控制措施），这样表示的决策变量列于表 2.2 数字后的括号中。

削减前，各污染源的污染物排放量分别为

工厂 1　　32（万 t/a）×9（kg/t）=2880t/a

工厂 2　　22（万 t/a）×11（kg/t）=2420t/a

工厂 3　　23（万 t/a）×4（kg/t）=920t/a

则总计污染物的排放量为 6220t/a。

实际污染物的排放量不但与单位产品的排污系数有关，而且与采取一定控制措施后的去除效率有关，据此可计算各污染源采取各种控制措施后的污染物排放量。

工厂 1　　$9x_{11}+9(1-0.80)x_{13}+9(1-0.30)x_{14}=9x_{11}+1.8x_{13}+6.3x_{14}$

工厂 2　　$11x_{21}+11(1-0.80)x_{23}+11(1-0.30)x_{24}=11x_{21}+2.2x_{23}+7.7x_{24}$

工厂 3　　$4x_{31}+4(1-0.90)x_{32}+4(1-0.80)x_{33}+4(1-0.30)x_{34}=4x_{31}+0.4x_{32}+0.8x_{33}+2.8x_{34}$

另根据质量平衡有

工厂 1　　$x_{11}+x_{13}+x_{14}=320000$

工厂 2　　$x_{21}+x_{23}+x_{24}=220000$

工厂 3　　$x_{31}+x_{32}+x_{33}+x_{34}=230000$

采用年总费用作为经济子系统的目标函数

$$Z=70x_{13}+26x_{14}+68x_{23}+22x_{24}+80x_{32}+72x_{33}+27x_{34}$$

2）建立模型

此时有两种建模处理方法：一种是假设只要总的排放量减少 50%，则环境空气质量就可达到相应的标准；另一种是假设所有污染源按照同一比例（50%）削减，环境空气质量才能达到相应的标准。

第一种情况：所有污染源排放量总和（6220t/a）削减 50%后的排放总量为 6220×（1-50%）=3110/a，则根据上述的产品质量平衡条件和污染物排放量削减情况，可建立如下的最优化模型：

min $Z=70x_{13}+26x_{14}+68x_{23}+22x_{24}+80x_{32}+72x_{33}+27x_{34}$

$9x_{11}+1.8x_{13}+6.3x_{14}+11x_{21}+2.2x_{23}+7.7x_{24}+4x_{31}+0.4x_{32}+0.8x_{33}+2.8x_{34}\leqslant 6220\times 50\%$

$x_{11}+x_{13}+x_{14}=320000$

$x_{21}+x_{23}+x_{24}=220000$

$x_{31}+x_{32}+x_{33}+x_{34}=230000$

该模型共有 12 个决策变量，并且目标函数和约束函数都是线性函数，因此可用线性规划的方法求解。

第二种情况：每个污染物源排放量均削减 50%，则根据上述的产品质量平衡条件和污染物削减情况，又可建立如下的最优化模型：

min$Z=70x_{13}+26x_{14}+68x_{23}+22x_{24}+80x_{32}+72x_{33}+27x_{34}$

$9x_{11}+1.8x_{13}+6.3x_{14}\leqslant 2880\times 50\%$

$11x_{21}+2.2x_{23}+7.7x_{24}\leqslant 2420\times 50\%$

$4x_{31}+0.4x_{32}+0.8x_{33}+2.8x_{34}\leqslant 920\times 50\%$

$x_{11}+x_{13}+x_{14}=320000$

$x_{21}+x_{23}+x_{24}=220000$

$x_{31}+x_{32}+x_{33}+x_{34}=230000$

对于上述最优化模型可以编写 MATLAB 程序，调用最优化工具箱中的线性规划函数进行求解。

3) 编写程序 (MATLAB)

第一种情况：针对第一种建模处理方法进行程序编制。

$\min Z = 70x_{13} + 26x_{14} + 68x_{23} + 22x_{24} + 80x_{32} + 72x_{33} + 27x_{34}$

```
f=[0 0 70 26 , 0 0 68 22 , 0 80 72 27]';
Aeq=[ 1 0 1 1,0 0 0 0,0 0 0 0;
      0 0 0 0,1 0 1 1,0 0 0 0;
      0 0 0 0,0 0 0 0,1 1 1 1];
beq=[320000 220000 230000]';
A=[9 0 1.8 6.3 , 11 0 2.2 7.7,4 0.4 0.8 2.8 ];
b=[6220000*0.5];
lb=zeros(12,1);
[x,z]=linprog(f, A, b, Aeq, beq, lb);
```

第二种情况：针对第二种建模处理方法进行程序编制。

$\min Z = 70x_{13} + 26x_{14} + 68x_{23} + 22x_{24} + 80x_{32} + 72x_{33} + 27x_{34}$

```
f=[0 0 70 26 , 0 0 68 22 , 0 80 72 27 ]';
Aeq=[ 1 0 1 1,0 0 0 0,0 0 0 0;
      0 0 0 0,1 0 1 1,0 0 0 0;
      0 0 0 0,0 0 0 0,1 1 1 1];
beq=[320000 220000 230000 ]';
A=[ 9 0 1.8 6.3 ,0 0 0 0,0 0 0 0;
    0 0 0 0,11 0 2.2 7.7,0 0 0 0;
    0 0 0 0,0 0 0 0,4 0.4 0.8 2.8];
b=[2880000*0.5   2420000*0.5   920000*0.5]';
lb=zeros(12,1);
[x,z]=linprog(f,A,b,Aeq,beq,lb);
```

4) 运行结果

第一种建模处理方法的运行结果：

$z = 2631.1$ 万元　　　　　最小污染控制费用

$x_{13} = 6.88$ 万 t　　　　　工厂 1 采用循环流化床控制措施的生产量

$x_{14} = 25.11$ 万 t　　　　　工厂 1 采用普通碱喷淋法控制措施的生产量

$x_{23} = 22.00$ 万 t　　　　　工厂 2 采用循环流化床控制措施的生产量

$x_{31} = 23.00$ 万 t　　　　　工厂 3 不采用任何污染控制措施的生产量

从计算结果可知：工厂 1 采用循环流化床控制措施的生产量为 6.88 万 t，采用普通碱喷淋法控制措施的生产量为 25.11 万 t；工厂 2 采用循环流化床控制措施的生产量为 22.00 万 t；工厂 3 不采用任何污染控制措施的生产量为 23.00 万 t。

第二种建模处理方法的运行结果：

$z = 3306.20$ 万元　　最小污染控制费用

$x_{13} = 12.80$ 万 t　　　工厂 1 采用循环流化床控制措施的生产量

x_{14}=19.20 万 t　　工厂 1 采用普通碱喷淋法控制措施的生产量

x_{23}=8.80 万 t　　工厂 2 采用循环流化床控制措施的生产量

x_{24}=13.20 万 t　　工厂 2 采用普通碱喷淋法控制措施的生产量

x_{31}=10.22 万 t　　工厂 3 不采用任何污染控制措施的生产量

x_{32}=12.78 万 t　　工厂 3 采用石灰石-石膏法控制措施的生产量

工厂 1 采用循环流化床控制措施的生产量为 12.80 万 t，采用普通碱喷淋法控制措施的生产量为 19.20 万 t；工厂 2 采用循环流化床控制措施的生产量为 8.80 万 t，采用普通碱喷淋法控制措施的生产量为 13.20 万 t；工厂 3 不采用任何污染控制措施的生产量为 10.22 万 t，采用石灰石-石膏法控制措施的生产量为 12.78 万 t。

2.3　整 数 规 划

整数规划是线性规划的特例，当目标函数和约束条件中的决策变量全部变为整数时，称为整数规划。在整数规划中，如果所有变量都限制为整数，则称为纯整数规划；如果仅一部分变量限制为整数，则称为混合整数规划。整数规划的一种特殊情形是 0-1 规划，它的决策变量值仅限于 0 或 1。

【案例 2-4】0-1 规划

一辆运输危化品的货车，有效载重量为 22t，可运输危化品的重量及运费收入如表 2.3 所示，其中各危化品只有一件可供选择，求运输收入最大的危化品组合。

表 2.3　可运输危化品的编号、重量和运费收入

编号	1	2	3	4	5	6
重量/t	7	11	5	8	4	6
收入/万元	3	5	2	4	2	3

1) 问题分析

确定决策变量：$x_i = \begin{cases} 1 & \text{当选运第}i\text{种危废时} \\ 0 & \text{当不选运第}i\text{种危废时} \end{cases}$

目标函数：运输收入最大 (元) $\max f = 3x_1 + 5x_2 + 2x_3 + 4x_4 + 2x_5 + 3x_6$

约束条件：有效载重量不超过 22t，$7x_1 + 11x_2 + 5x_3 + 8x_4 + 4x_5 + 6x_6 \leqslant 22$

决策变量为 0 或 1。

2) 建立模型

$$\begin{cases} \max \quad f = 3x_1 + 5x_2 + 2x_3 + 4x_4 + 2x_5 + 3x_6 \\ \text{s.t.} \quad 7x_1 + 11x_2 + 5x_3 + 8x_4 + 4x_5 + 6x_6 \leqslant 22 \\ x_1, x_2, x_3, x_4, x_5, x_6 \text{为0或1} \end{cases}$$

3) 编写程序

转化上述问题为最小化问题，利用 MATLAB 软件中的 bintprog 函数求解，编写程

序如下：

    c=-[3,5,2,4,2,3];
    a=[7,11,5,8,4,6];
    b=22;
    [x,g]= bintprog（c,a,b）
    f=-g
    4）运行结果
    x_1=1，x_2=0，x_3=1，x_4=0，x_5=1，x_6=1
运输总收入 f=10（万元），即运输物品 1、3、5、6 可实现运输收入最大化。

【案例2-5】污染控制方案最优化

问题同【案例 2-3】。要使污染控制设施得到正常维护和运行并不是一件容易的事情，不但要操作上尽量简便，而且需要熟练的操作人员。因此，无论作为企业还是环境保护行政主管部门，为得到有效的处理效果，总是希望污染控制系统尽可能简单。所以将污染源的控制方法限制在非此即彼的情形，此时的决策变量可以成为 0-1 变量，要么采用某种控制方法，要么不采用该控制方法，这时的规划问题转变为 0-1 规划问题。现在假设每个污染源仅能采用并必须采用一种控制方法，并要求所有污染源排放总量削减50%，求最佳控制方案。

1）问题分析

确定决策变量：设 x_{ij} 为污染源 i 是否采用 j 种控制污染排放方法（如采用 x_{ij}=1，如不采用则 x_{ij}=0），则各工厂污染控制方法的约束条件为

工厂 1　　$x_{11}+x_{13}+x_{14}=1$

工厂 2　　$x_{21}+x_{23}+x_{24}=1$

工厂 3　　$x_{31}+x_{32}+x_{33}+x_{34}=1$

各工厂排放的污染物为

工厂 1　　$W_1=320000 \times 9 \times [x_{11}+（1-0.80）x_{13}+（1-0.30）x_{14}]$

工厂 2　　$W_2=220000 \times 11 \times [x_{21}+（1-0.80）x_{23}+（1-0.30）x_{24}]$

工厂 3　　$W_3=230000 \times 4 \times [x_{31}+（1-0.90）x_{32}+（1-0.80）x_{33}+（1-0.30）x_{34}]$

2）建立模型

采用污染控制年费用最小作为经济子系统的目标函数：

min Z=320000×（70x_{13}+26x_{14})+220000×(68x_{23}+22x_{24})+230000×(80x_{32}+72x_{33}+ 27 x_{34})

$$\begin{cases} x_{11} + x_{13} + x_{14} = 1 \\ x_{21} + x_{23} + x_{24} = 1 \\ x_{31} + x_{32} + x_{33} + x_{34} = 1 \\ W_1 \leqslant 2880 \times 50\% \\ W_2 \leqslant 2420 \times 50\% \\ W_3 \leqslant 920 \times 50\% \end{cases}$$

$x_{ij}=0$ 或 $x_{ij}=1$

3）程序编写

上述 0-1 规划模型可采用 MATLAB 软件中的 bintprog 函数求解，同学们可在课下练习。

2.4　非线性规划

当目标函数或约束条件中有一个或多个为非线性函数时，称这样的规划问题为非线性规划。科学研究和工程技术中所遇到的问题大量是非线性的，其数学表达式如下：

$$\text{opti}\quad f(x_1, x_2, \cdots, x_n)$$
$$\text{s.t.}\quad g_i(x_1, x_2, \cdots, x_n) \geqslant (=, \leqslant) 0$$
$$x_j \geqslant 0$$
$$i=1, 2, \cdots, m$$
$$j=1, 2, \cdots, n$$

式中，f 与 $g_i (i=1, 2, \cdots, m)$ 中至少有一个函数是非线性函数。

【案例 2-6】非线性规划一

$\min f(x) = -x_1 x_2 x_3$

$0 \leqslant x_1 + 2x_2 + 2x_3 \leqslant 72$

1）程序编写

可将约束条件分解为两个约束方程，即

$x_1 + 2x_2 + 2x_3 \geqslant 0$

$x_1 + 2x_2 + 2x_3 \leqslant 72$

编写 MATLAB 程序如下：

```
f=@(x)-x(1)*x(2)*x(3);
A=[-1  -2  -2;1   2   2];
b=[0 ; 72];
x0=[10;10;10];
[x,fval]=fmincon(f, x0, A, b)
```

2）运行结果

$x = 24.0000$

　　　12.0000

　　　12.0000

$\text{fval} = -3.4560 \times 10^3$

【案例 2-7】非线性规划二

$$f(x) = e^{x_1}(4x_1^2 + 2x_2^2 + 4 \times x_1 x_2 + 2x_2 + 1)$$

$$\begin{cases} x_1 + x_2 = 0 \\ 1.5 + x_1 x_2 - x_1 - x_2 \leqslant 0 \\ -x_1 x_2 - 10 \leqslant 0 \end{cases}$$

1) 程序编写

```
myfun1=@(x)exp(x(1))*(4*x(1)^2+2*x(2)^2+4*x(1)*x(2)+2*x(2)+1)
A=[];
b=[];
Aeq=[1 1];
beq=[0];
lb=[];
ub=[];
x0=[-1;1];
[x,fval]=fmincon(myfun1,x0,A,b,Aeq,beq,lb,ub,@mycon1)
function [c,ceq]=mycon1(x)
c(1)=1.5+x(1)*x(2)-x(1)-x(2);
c(2)=-x(1)*x(2)^-1 0;
ceq=[];
```

2) 运行结果

$x = -1.2247$

$　　　1.2247$

$fval = 1.8951$

【案例 2-8】污水处理厂位置优化

某地区有 3 个工厂排放污水，拟集中于污水处理厂进行污水处理。已知工厂 1 的污水排放量为 7500t/a，工厂 2 的污水排放量为 9000t/a，工厂 3 的污水排放量为 6000t/a，由各工厂到污水处理厂铺设污水管道的成本为 50 元/(t·m)。以该地区中心位置为坐标原点建立平面直角坐标系(单位均为 km)，工厂 1 的坐标为(20,30)，工厂 2 的坐标为(50,70)，工厂 3 的坐标为(70,40)，求：确定污水处理厂的位置，使总输水工程投资最少。

解：

1) 问题分析

设污水处理厂位置为 $(x_1,\ x_2)$，从工厂 1 到污水处理厂铺设污水管道的费用为

$$7500 \times 50 \times \sqrt{(x_1-20)^2 + (x_2-30)^2}$$

$$7500 \times 50 \times \sqrt{(x_1-20)^2 + (x_2-30)^2}$$

从工厂 2 到污水处理厂铺设污水管道的费用为

$$9000 \times 50 \times \sqrt{(x_1-50)^2 + (x_2-70)^2}$$

从工厂 3 到污水处理厂铺设污水管道的费用为

$$6000 \times 50 \times \sqrt{(x_1 - 70)^2 + (x_2 - 40)^2}$$

因此，总的输水工程建设费用是

$$\begin{aligned} f(x_1, x_2) = &\ 7500 \times 50 \times \sqrt{(x_1 - 20)^2 + (x_2 - 30)^2} \\ &+ 9000 \times 50 \times \sqrt{(x_1 - 50)^2 + (x_2 - 70)^2} \\ &+ 6000 \times 50 \times \sqrt{(x_1 - 70)^2 + (x_2 - 40)^2} \end{aligned}$$

上述问题就归结为求污水处理厂的位置 (x_1, x_2)，使 $f(x_1, x_2)$ 达到最小值，该问题为无约束最优化问题。

2) 程序编写

```
function f=fun(x)
f=7500*50*((50-x(1))^2+(50-x(2))^2)^0.5+9000*50*((80-x(1))^2+(90-x(2))^2)^
0.5+6000*50*((100-x(1))^2+(60-x(2))^2)^0.5
x0=[0,0];
[x,f]=fminunc(@fun,x0)
```

3) 运行结果

x=78.86（km）

　　75.24（km）

f=2883.00（万元）

污水处理厂的位置为（78.86，75.24），具体位置见图 2.3，总的输水工程建设费用为 2883.00 万元。

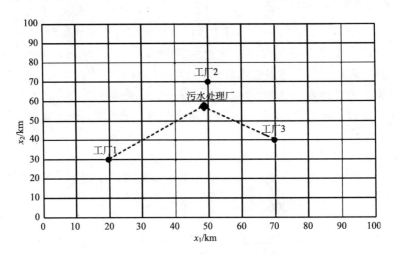

图 2.3　污水处理厂位置优化图

2.5　动　态　规　划

动态规划是解决多阶段最优化问题的数学方法。现实生活中，一个问题可以按照其活动过程分为若干个相互联系的阶段，对每一个阶段都需要做出决策，而每一阶段的决策结果都会影响下一阶段的决策，从而影响全过程的决策。所有阶段决策的总和组成了全过程决策序列。由于每一个阶段可供选择的决策往往不止一个，这就形成了总体决策过程的多个策略。动态规划解决这种多阶段决策的原理为：作为多阶段决策问题，这个过程应具有这样的性质，即无论过去的状态和决策如何，对前面的决策和状态而言，余下的诸决策必须构成最优策略。上述动态规划原理可以用下述数学形式表达：

$$\begin{cases} f_k(x_k) = Opt\{d_k(x_k, U_k) + f_{k-1}(U_k)\}, k = 1, 2, \cdots, n \\ f_1(x_1) = d_1(x, U) \end{cases} \tag{2-5}$$

式中，k 为阶段编号；x 为某阶段的状态；U 为采取的决策措施。该式表达了某阶段的状态 x_k 都可以由上一阶段的状态 x_{k-1} 经过决策 U_k 来获得。动态规划的求解过程是从最后阶段依次向前递推。下面阐述几个与动态规划相关的基本概念。

【案例 2-9】污水输送管道最短路径问题

假设要从 A 地区到 E 地区铺设一条污水输送管道，由于地理条件及其他原因，两地之间不能直接铺设相通的管道，因此中间需要经过若干个转运节点，从而构成了许多可行的输送路线，节点间的数字表示节点间管道路径的长度，如图 2.4 所示，现需求出一条使总路径最短的管道路线。

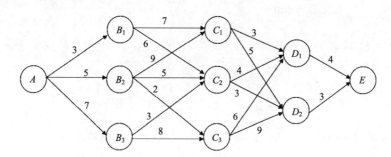

图 2.4　污水输送管道路径图

1) 通过 MATLAB 编程实现

为便于分析，可将图 2.4 中的每个节点做好标记，如图 2.5 所示。

ab=[1 1 1 2 2 3 3 3 4 4 5 5 6 6 7 7 8 9]; 　　起始节点，如 1 代表 A 节点
bb=[2 3 4 5 6 5 6 7 6 7 8 9 8 9 8 9 10 10]; 　结束节点，如 2 代表 B_1 节点
w =[3 5 7 7 6 9 5 2 3 8 3 5 4 3 6 9 4 3]; 　　连接权重，如 3 代表 A—B_1 的距离
R=sparse(ab,bb,w); 　　　　　　　　　　稀疏矩阵
R(10,10)=0;

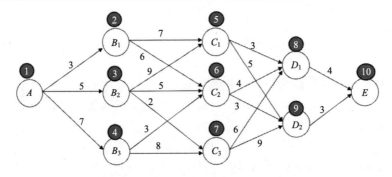

图 2.5　标号后的污水输送管道路径图

h = view (biograph (R,[], 'ShowWeights', 'on'))　　生成关联图

[dist,path,pred] = graphshortestpath (R,1,10)　　最短距离

set (h.Nodes (path) ,'Color',[1 0.4 0.4])

edges = getedgesbynodeid (h,get (h.Nodes (path) ,'ID')) ;

set (edges,'LineColor',[1 0 0])

set (edges,'LineWidth',1.5)

2) 逐步分析法实现

(1) 从 $k=4$ 出发，状态变量 S_4 可取状态 D_1、D_2，它们到 E 点的距离分别为

$$f_4(D_1)=4, \quad f_4(D_2)=3$$

(2) 从 $k=3$ 出发，状态变量 S_3 可取 3 个值 C_1、C_2、C_3，从 C_1 到 E 有两条路线，需加以比较取其中最短的，即

$$f_3(C_1) = \min\begin{Bmatrix} d_3(C_1,D_1)+ f_4(D_1) \\ d_3(C_1,D_2) + f_4(D_2) \end{Bmatrix} = \min\begin{Bmatrix} 3+4 \\ 5+3 \end{Bmatrix} = 7$$

这说明由 C_1 到 E 的最短距离为 7，其路径为 $C_1 \to D_1 \to E$,相应的决策为 $u_3(C_1)=D_1$。同理，

$$f_3(C_2) = \min\begin{Bmatrix} d_3(C_2,D_1)+ f_4(D_1) \\ d_3(C_2,D_2) + f_4(D_2) \end{Bmatrix} = \min\begin{Bmatrix} 4+4 \\ 3+3 \end{Bmatrix} = 6$$

即 C_2 到终点 E 的最短距离为 6，其路径为 $C_2 \to D_2 \to E$，相应的决策为 $u_3(C_2)=D_2$。

$$f_3(C_3) = \min\begin{Bmatrix} d_3(C_3,D_1)+ f_4(D_1) \\ d_3(C_3,D_2) + f_4(D_2) \end{Bmatrix} = \min\begin{Bmatrix} 6+4 \\ 9+3 \end{Bmatrix} = 10$$

即 C_3 到终点 E 的最短距离为 10，其路径为 $C_3 \to D_1 \to E$，相应的决策为 $u_3(C_3)=D_1$。

(3) 从 $k=2$ 出发，状态变量 S_2 可取 3 个值 B_1、B_2、B_3，

$$f_2(B_1) = \min\begin{Bmatrix} d_2(B_1,C_1)+ f_3(C_1) \\ d_2(B_1,C_2) + f_3(C_2) \end{Bmatrix} = \min\begin{Bmatrix} 7+7 \\ 6+6 \end{Bmatrix} = 12$$

说明由 B_1 到 E 的最短距离为 12，其路径为 $B_1 \to C_2 \to D_2 \to E$,相应的决策为 $u_2(B_1)=C_2$。

$$f_2(B_2) = \min \begin{cases} d_2(B_2, C_1) + f_3(C_1) \\ d_2(B_2, C_2) + f_3(C_2) \\ d_2(B_2, C_3) + f_3(C_3) \end{cases} = \min \begin{cases} 9+7 \\ 5+6 \\ 2+10 \end{cases} = 11$$

说明由 B_2 到 E 的最短距离为 11，其路径为 $B_2 \to C_2 \to D_2 \to E$，相应的决策为 $u_2(B_2) = C_2$。

$$f_2(B_3) = \min \begin{cases} d_2(B_3, C_2) + f_3(C_2) \\ d_2(B_3, C_3) + f_3(C_3) \end{cases} = \min \begin{cases} 3+6 \\ 8+10 \end{cases} = 9$$

说明由 B_3 到 E 的最短距离为 9，其路径为 $B_3 \to C_2 \to D_2 \to E$，相应的决策为 $u_2(B_3) = C_2$。

(4)从 $k=1$ 出发，出发点只有一个 A 点，则

$$f_1(A) = \min \begin{cases} d_1(A, B_1) + f_2(B_1) \\ d_1(A, B_2) + f_2(B_2) \\ d_1(A, B_3) + f_2(B_3) \end{cases} = \min \begin{cases} 3+12 \\ 5+11 \\ 7+12 \end{cases} = 15$$

$$u_1(A) = B_1$$

即从起点 A 到终点 E 的最短距离为 15，其路径为 $A \to B_1 \to C_2 \to D_2 \to E$，相应的决策为 $u_1(A) = B_1$。所以，从 A 地区到 E 地区铺设污水输送管道的最短路线为

$$A \to B_1 \to C_2 \to D_2 \to E$$

1)阶段

对于一个多阶段决策过程，可以根据问题的特点把整个过程划分为几个相互联系的阶段，以便按一定的顺序去求解。这个根据时间和空间的自然特征来划分的次序称为阶段。描述阶段的变量称为阶段变量，一般用 k 表示，如【案例 2-9】中的多阶段决策问题可划分为四个阶段，记为 $k=1, 2, 3, 4$。

2)状态

状态表示系统每个阶段开始时所处的自然状况或客观条件。例如【案例 2-9】中，状态就是某阶段的出发位置，它既是该阶段某支路的起点，又是前一阶段某支路的终点。第一个阶段有一个状态即为点 A，第二个阶段有三个状态 $\{B_1, B_2, B_3\}$。状态变量：描述状态的变量，常用 S_k 表示第 k 阶段的状态变量。例如，案例中第三个阶段有三个状态，则状态 S_3 可取三个值，即 C_1, C_2, C_3 这三个点构成的集合 $\{C_1, C_2, C_3\}$。称为第三个阶段的允许状态集，记为 $S_3 = \{C_1, C_2, C_3\}$。有时为了方便起见，也将阶段的状态编上号码，$S_3 = \{1, 2, 3, \cdots\}$，一般，第 k 个阶段的允许状态集，记为 S_k。

3)决策

决策：各阶段状态确定后，确定下一个阶段的状态的各种选择。

决策变量：描述决策的变量。常用 $U_k(S_k)$ 表示第 k 阶段状态处于 S_k 时的决策变量，它是状态变量 S_k 的函数。

允许决策集：决策变量的取值构成的集合，表明决策的约束条件，常用 $D_k(S_k)$ 表示第 k 阶段系统处于状态 S_k 的允许决策集合，即有 $U_k(S_k) \in D_k(S_k)$。

【案例 2-9】中，第二阶段决策时，若从状态 B_2 出发，则可做出三种不同决策，其允许决策集合为 $D_2(B_2) = \{C_1, C_2, C_3\}$，若选定的下一个状态是 C_2，则 $U_2(B_2) = C_2$。

4) 策略

策略：从初始阶段到最终阶段，每个阶段均有一决策，各阶段决策形成一个决策序列，此序列称为系统的一个策略。

最优策略：使系统达到最优效果的策略。

5) 指标函数

k 阶段指标函数：第 k 阶段状态为 S_k 决策变量 U_k 取某个值后得到的一个反映这个局部策略效应的数量指标。例如，第二阶段状态为 B_1 时，$d(B_1C_2)=6$，表示由 B_1 出发采用决策到下一个阶段 C_2 点的距离。

最优指标函数：指标函数的最优值。记为 $f_k(s_k)$，表示从第 k 阶段的状态 S_k 开始到第 n 阶段的终止过程采取最优策略所得到的。在不同问题中，指标函数的含义是不同的，它可能指距离、利润、成本、产品的产量或资源消耗等。例如【案例 2-9】中，指标函数是距离，$f_2(B_1)$ 表示从 B_1 出发到 E 的最短距离。

第 3 章　水环境系统数学建模与分析

3.1　污染物在环境介质中的运动与转化特征

环境介质是指在环境中能够传递物质和能量的物质，典型的环境介质是空气和水，它们均为流体。污染物进入环境以后，做着复杂的运动，主要包括污染物随介质流动的推流迁移运动、污染物在环境介质中的分散运动及污染物的衰减转化运动。

3.1.1　推流迁移

推流迁移是指污染物在气流或水流作用下产生的转移作用。污染物由于推流作用，在单位时间内通过单位面积的污染物质量，称为推流迁移通量，其计算公式如下：

$$f_x = u_x C$$
$$f_y = u_y C \qquad\qquad (3\text{-}1)$$
$$f_z = u_z C$$

式中，f_x、f_y、f_z 分别为 x、y、z 三个方向上的污染物推流迁移通量，$g/(m^2 \cdot s)$；u_x、u_y、u_z 分别为环境介质在 x、y、z 方向上的流速分量，m/s；C 为污染物在环境介质中的浓度，mg/L。推流迁移通量 f_x、f_y、f_z 的单位可推导如下，以 f_x 为例：

$$f_x = u_x C \longrightarrow f_x = m/s \times mg/L \longrightarrow f_x = m/s \times mg \times 1000/(L \times 1000) \longrightarrow g/(m^2 \cdot s)$$

推流迁移只能改变污染物的位置，并不能改变污染物的存在形态和浓度。推流迁移通量表明了环境介质输送污染物的强度(图 3.1)。

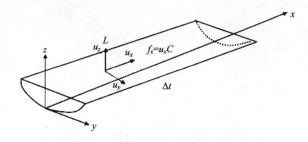

图 3.1　单元水体推流迁移通量示意图

3.1.2　分散运动

在讨论污染物的分散运动时，假定污染物质点的动力学特征与介质质点完全一致。这一假设对于多数溶解污染物或中性的颗粒物质是可以成立的。污染物在环境介质中的分散运动，包括分子扩散、湍流扩散和弥散扩散。

1）分子扩散

分子扩散是由分子的随机运动引起的质点分散现象。分子扩散过程服从菲克（Fick）第一定律，即分子扩散的质量通量与扩散物质的浓度梯度成正比：

$$I_x^1 = -E_m \frac{\partial C}{\partial x}, I_y^1 = -E_m \frac{\partial C}{\partial y}, I_z^1 = -E_m \frac{\partial C}{\partial z} \tag{3-2}$$

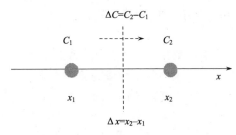

图 3.2　分子扩散质量通量计算示意图

式中，I_x^1、I_y^1、I_z^1 分别为 x、y、z 三个方向上的污染物分子扩散质量通量，$g/(m^2 \cdot s)$；E_m 为分子扩散系数，分子扩散系数在各个方向上相同，表示分子扩散是各向同性的；等式右边的负号表示污染物质点的运动指向浓度梯度的负方向。结合图 3.2 可对式(3-2)作进一步理解：

$$I_x^1 = -E_m \frac{\partial C}{\partial x} \approx -E_m \frac{\Delta C}{\Delta x}$$

物质浓度总从高处向低处扩散，因此上式中负号表明污染物扩散的方向。当 $C_1 > C_2$ 时，ΔC 为负，Δx 为正，$\frac{\Delta C}{\Delta x}$ 为负，则 I_x^1 为正，说明 I_x^1 扩散方向与 x 正方向一致。当 $C_1 < C_2$ 时，ΔC 为正，Δx 为正，$\frac{\Delta C}{\Delta x}$ 为正，则 I_x^1 为负，说明 I_x^1 扩散方向与 x 正方向相反。

2）湍流扩散

湍流扩散是湍流流场中质点的各种状态(流速、压力、浓度等)的瞬间值相对于其时间平均值的随机脉动而导致的分散现象，如图 3.3(a)所示。湍流扩散项可以看成是对取状态的时间平均值后所形成的误差的一种补偿，可以借助分子扩散形式表达湍流扩散。

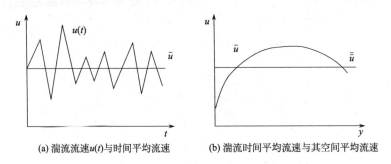

(a) 湍流流速$u(t)$与时间平均流速　　　　(b) 湍流时间平均流速与其空间平均流速

图 3.3　湍流扩散和弥散作用示意图

$$I_x^2 = -E_x \frac{\partial \overline{C}}{\partial x}, I_y^2 = -E_y \frac{\partial \overline{C}}{\partial y}, \ I_z^2 = -E_z \frac{\partial \overline{C}}{\partial z} \tag{3-3}$$

式中，I_x^2、I_y^2、I_z^2 分别为 x、y、z 三个方向上由湍流扩散所导致的污染物质量通量，$g/(m^2 \cdot s)$；$\overline{C}$ 为环境介质中污染物的时间平均浓度；E_x、E_y、E_z 分别为 x、y、z 三个方向上的湍流扩散系数；等式右边的负号表示湍流扩散的方向是污染物浓度梯度的负方向。与分子扩散不同，湍流扩散是各向异性的。湍流扩散作用只有在计算中用时间的平均值来描述湍流的各种状态时才能体现出来。如果直接用状态的瞬时值来计算就不会出现湍流扩散项(图 3.4)。

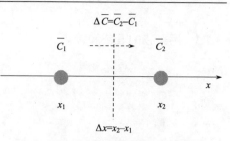

图 3.4　湍流扩散质量通量计算示意图

3) 弥散

弥散是指由流体横断面上各点的实际流速分布不均匀所产生的剪切作用而导致的分散现象,如图 3.3(b)所示。弥散作用是横断面上实际状态(如流速)分布不均匀与实际计算中采用断面平均状态(如流速)之间的差别引起的,为了弥补采用状态的空间平均值所形成的计算误差,必须考虑一个附加的量——弥散通量,同样借助菲克定律来描述弥散作用:

$$I_x^3 = -D_x\frac{\partial \bar{\bar{C}}}{\partial x}, \quad I_y^3 = -D_y\frac{\partial \bar{\bar{C}}}{\partial y}, \quad I_z^3 = -Dz\frac{\partial \bar{\bar{C}}}{\partial z} \tag{3-4}$$

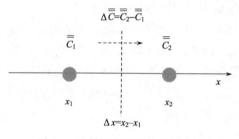

图 3.5　弥散质量通量计算示意图

式中,I_x^3、I_y^3、I_z^3 分别为 x、y、z 三个方向上由弥散所导致的污染物物质量通量,$\mathrm{g/(m^2 \cdot s)}$;$\bar{\bar{C}}$ 为环境介质中污染物的时间平均浓度的空间平均值;D_x、D_y、D_z 分别为 x、y、z 三个方向上的弥散系数;等式右边的负号表示弥散方向是污染物浓度梯度的负方向。弥散也是各向异性的。河流中的弥散主要是由河床阻力造成的,河口的弥散则主要是由水流的交汇引起的(图 3.5)。

实际计算过程中,都采用污染物浓度的时间平均值或空间平均值(图 3.3)。为了修正这一简化所造成的误差,引入了湍流扩散项和弥散项,而分子扩散项在任何时候都是存在的。不同环境介质中污染物的扩散系数取值范围如表 3.1 所示。弥散作用只有在取湍流时间平均值的空间平均值时才发生。弥散作用大多发生在河流或地下水的水质计算中。水环境数学建模时,为了便于书写,符号 $\bar{\bar{C}}$ 通常写作 C,C 包含了弥散扩散、湍流扩散和分子扩散三者的共同作用。在三维模型中,由于考虑的是 x、y、z 方向的流速分量,不采用断面平均值,所以方程中不会出现弥散项。但是,如果采用了三个方向流速的时间平均值,就会出现湍流扩散项。

表 3.1　污染物在不同环境介质中的扩散系数取值

环境介质	弥散系数 $D/(\mathrm{m^2/s})$	湍流扩散系数 $E/(\mathrm{m^2/s})$	分子扩散系数 $E_m/(\mathrm{m^2/s})$
大气	无	z 方向 $10^{-2}\sim2\times10^{-1}$ x,y 方向 $10\sim10^5$	1.5×10^{-5}
海洋	无	z 方向 $10^{-5}\sim2\times10^{-2}$ x,y 方向 $10^2\sim10^4$	
河流	$10\sim10^4$	$10^{-2}\sim10^0$	$10^{-5}\sim10^{-4}$

3.1.3　污染物的衰减和转化

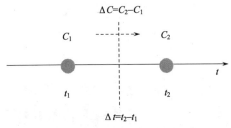

图 3.6　污染物的衰减和转化

污染物进入环境介质后会在光、热、微生物及其他环境因素的作用下，发生各种各样的结构或组成上的变化。其中多数变化最终分解成在地球环境中能稳定存在的小分子，如 CO_2、H_2O 等，这一过程称为降解，也称为污染物的衰减。进入环境中的污染物可以分为守恒物质和非守恒物质两大类。守恒物质可以长时间在环境中存在，它们随着介质的运动和分散作用而不断改变位置和初始浓度，但是不会减少在环境中的总量，可以在环境中积累，如重金属、很多高分子有机化合物都属于守恒物质。对于那些对生态环境有害，或者暂时无害但可以在环境中积累，从长远来看可能有害的守恒物质，要严格控制排放，因为环境系统对它们没有净化能力(图 3.6)。

非守恒污染物在环境中能够降解，它们进入环境以后，除了随环境介质的流动不断改变位置和分散降低浓度外，还会因为自身的衰减而使浓度的下降加速。非守恒污染物的降解有两种方式：一种是由污染物自身的运动变化规律决定的，如放射性物质的衰减；另一种是在环境因素的作用下，由于化学或生物反应而不断衰减，如有机物的生物化学氧化过程。环境中非守恒物质的降解多遵循一级反应动力学规律

$$\mathrm{d}C/\mathrm{d}t = -kC \tag{3-5}$$

式中，C 为污染物浓度；t 为衰减时间；k 为降解速度常数。

一般情况，当物质量为增生时，即 $C_2 > C_1$：

$$\frac{\mathrm{d}C}{\mathrm{d}t} \approx \frac{\Delta C}{\Delta t} > 0 \rightarrow \frac{\mathrm{d}C}{\mathrm{d}t} = +kC$$

当物质量为衰减时，即 $C_1 > C_2$：

$$\frac{\mathrm{d}C}{\mathrm{d}t} \approx \frac{\Delta C}{\Delta t} > 0 \rightarrow \frac{\mathrm{d}C}{\mathrm{d}t} = -kC$$

3.1.4　推流迁移、分散和衰减之间的关系

污染物在环境中的推流迁移、分散和衰减作用可以用图 3.7 来加以说明。在 $x = x_0$ 处，向环境中排放物质总量为 S_1，其分布为直方状，全部物质通过 x_0 的时间为 Δt，经过一段时间，该污染物的重心迁移至 x_2，污染物的总量为 S_2。如果只存在推流迁移的作用[图 3.7(a)]，则 $S_1 = S_2$，且污染物在两处的分布形状相同；如果存在推流迁移和分散的双重作用[图 3.7(b)]，则仍然有 $S_1 = S_2$，但污染物在 x_2 的分布形状与初始形状不同，呈钟形曲线状分布，此种状况延长了污染物的通过时间；如果同时存在推流迁移、分散和衰减的三重作用[图 3.7(c)]，则不但污染物的分布形状发生变化，且污染物的总量也发生变化，此时 $S_1 > S_2$。可见，推移迁移只改变污染物的位置，而不改变其分布，分散作用能够改变污染物的分布，但不改变其总量，衰减作用则能够改变污染物的总量。

污染物进入环境以后，同时发生着上述各种过程，所以用以描述这些过程的模型是

一组复杂的数学方程式。

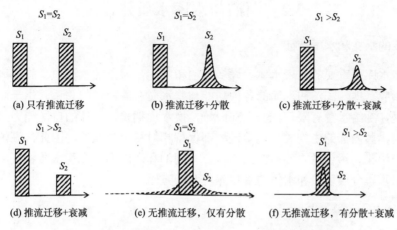

图 3.7　污染物在环境介质中的迁移、分散和衰减作用示意图

3.1.5　环境质量基本模型

定义：反映污染物质在环境介质中运动的基本规律的数学模型称为环境质量基本模型。基本模型反映了污染物在环境介质中运动的基本特征，即污染物的推流迁移、分散和降解。

基本假定：进入环境的污染物能够与环境介质相互融合，污染物质点与介质质点具有相同的流体力学特征。当污染物进入环境以后能够均匀地分散开，并且不产生凝聚、沉淀和挥发等现象时，可以将污染物质点当作介质质点进行研究。

实际中的污染物，进入环境以后，除了迁移、分散和衰减外，还会发生一些其他的物理、化学或生物学过程，这些过程将通过对基本模型的修正予以研究和表达。

模型的基本原理：建立环境系统的模型一般需要取得两方面的信息，一是输移污染物介质(如大气、水)的流动特性；二是污染物被输移过程中发生的质与量的变化。利用这两方面的信息，根据物质与能量平衡原理，即对污染物在流体介质中的浓度、流体质量、动量或热量进行衡算来建立环境质量基本模型。

一般对于微分方程形式的数学模型的求解方法有解析解法和数值解法。前者求解数学模型要求的条件非常严格，一般难以求得解析解，只能用差分方程替代微分方程，采用有限差分方法和有限元方法求得模型的数值解，实现对环境系统的模拟和预测。

实际的环境质量模型大多属于复杂模型，不易求得模型的解析解。但是，由于解析解的应用简便，人们还是努力探寻解析解的方法。对于大多数环境质量模型，只有在某些特定条件下，有可能求得解析解，在求解环境质量模型时，假定介质的流动状态稳定、均匀，即空气或水体的流动状态在研究时段内不随时间变化，这时污染物的分布只随污染源变化。

本章的水环境系统数学建模和第 4 章的大气环境系统数学建模均属于环境质量基本模型的范畴。

3.2　湖泊与水库水质建模

3.2.1　湖库的水文和水质特征

湖泊和水库是重要的地表水体。许多湖泊和水库是城市的水源地、旅游风景地或重要的水产供应基地。湖泊和水库的各种功能与其水质有着密切的关系。由于湖泊和水库的水流缓慢，补给水源有限（有的只是降水），换水周期长，水体的自净能力是地表水中最弱的一类，其内部的生物学和化学过程都保持相对稳定的状态。因此，湖泊和水库有着更易于被污染、污染后更不易消除的特点。湖泊和水库的水文和水质特征主要集中在湖库的水温垂直分层现象和水体的富营养化两个方面。

1. 湖库的水温结构特性

湖库是热容量很大的水体，具有气温上升期（夏季）不易变热，气温下降期（冬季）不易冷却的特点，因此其具有特殊的水温结构。湖库水温状况主要受到气象的影响，同时受湖库大小、水深、水流缓急状况及水库调度运行的影响。较浅的湖库，底层水温年内变化较大，变动幅度可与年内的气温变化相当；深水湖库的近底水温年内变幅往往较小（2~3℃）。一般认为当水深大于 40m 时，属于深水湖库；当水库水域范围较大且水深小于 20~25m 时，属于浅水湖库；水深介于二者之间的湖库，则可以属于二者之一，主要根据湖库的平面尺寸和湖库的流动性来判断。湖库的水温结构大致可以分为分层型和混合型两种。

1）分层型湖库

分层型湖库以夏季为中心，形成稳定的温跃层。湖库水在垂直方向上的密度梯度，很难产生上下掺混，入流和出流成为水平的层流。湖库内可划分为层流部分和滞留部分两种。秋天气温逐渐下降，湖库水进入放热期，湖库水表层冷却，密度增大，向下沉降，从而产生对流现象。温跃层由表层逐渐消失，湖库上部形成一个温度均匀的掺混层，其厚度随着时间而逐渐增加，当对流现象达到整个水深时，就称为湖库的大循环，这种水质循环也称为"翻池"。这时进湖库的河水温度通常低于湖库水表面温度，河水不再沿着湖库表面进入湖库，而是潜入水面以下，在河水与湖库水温度和密度相同的高程处进入湖库内部。到了冬末，最终冷却水温大于 4℃的湖库，从上到下形成一个近乎均匀的温度场。对最终温度小于 4℃的湖库，冬季的表层形成逆温层。由此可见，分层型湖库的水温结构与湖库的温度、气温、水体流动特性都有着密切的关系，并受到进水口位置、高程、水库调度、水文状况等的影响。分层型湖库内的水滞留时间长，水质问题比较显著。

分层型湖库的特点是夏季湖库水体在垂直方向从上到下分为三层（图 3.8）：上部温水层（epilimnion）、中部温跃层（thermocline，也称为斜温层）、底部均温层（hypolimnion）。各水层中，水温的混合程度是不一样的。上部温水层受风的动力作用影响，水层混合比较剧烈，导致水温垂向分布均匀化，水面直接与大气、太阳进行热量交换，因此水温通常比较高，所以称之为温水层。中部温跃层温度梯度最大，而混合能力最弱。底部均温层通常水温比较低，所以也称之为底部冷水层。

　2) 混合型湖库

　混合型湖库出现在湖库水流急、掺混强的中小型湖库。一年中湖库的水温分布大致相同。混合型湖库，湖库内滞留时间短，一般水质问题并不严重。

　目前在划分湖库是否产生分层状态时，一般采用湖库水替换次数的指标 α 和 β 做大致的判断。

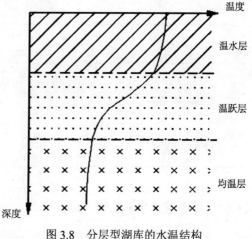

图 3.8　分层型湖库的水温结构

$$\alpha=\text{年入湖库总流量/总湖库容量}$$

$$\beta=\text{一次洪水流入量/总湖库容量}$$

当 $\alpha<10$ 时，湖库为稳定的分层型；当 $\alpha>20$ 时，湖库为混合型。

　若遇到洪水，当 $\beta>1$ 时，则往往成为临界的混合型；当 $\beta<0.5$ 时，一般对湖库的水温结构没有大的影响；当 $0.5<\beta<1$ 时，洪水对水温的分层有一定影响，但成层状水温分布仍然较多。

2. 湖库的水质特性

　由于湖库属于静水环境，其水流速度慢，停留时间长，水体的大气复氧能力极为有限，进入湖库的营养物质不断积累，因此湖库最突出的水质问题是水体的富营养化。根据湖库营养物质含量的高低，可将其分为贫营养、中营养、富营养型三种。湖库营养状态评价选择的项目一般为叶绿素 a(chla)、总磷(TP)、总氮(TN)、透明度(SD)和高锰酸盐指数(COD_{Mn})。此处介绍《地表水资源质量评价技术规程》(SL395—2007)中的一种富营养化评价方法——指数法。该方法先查表 3.2 将单项参数浓度值转换为赋分值，监测值处于表列值两者中间者可采用相邻点内插(线性插值法)；而后几个参评项目赋分值求取均值；最后用求得的均值再查表 3.2 得营养状态分级。

表 3.2　湖泊(水库)营养状态评价标准及分级方法

营养状态分级	评价项目赋分值	总磷(以 P 计)/(mg/L)	总氮(以 N 计)/(mg/L)	叶绿素 a/(mg/L)	高锰酸盐指数/(mg/L)	透明度/m
贫营养	10	0.001	0.02	0.0005	0.15	10
	20	0.004	0.05	0.001	0.4	5.0
	30	0.010	0.10	0.002	1.0	3.0
中营养	40	0.025	0.30	0.004	2.0	1.5
	50	0.050	0.50	0.01	4.0	1.0

续表

营养状态分级		评价项目赋分值	总磷(以 P 计)/（mg/L）	总氮(以 N 计)/（mg/L）	叶绿素 a/（mg/L）	高锰酸盐指数/（mg/L）	透明度/m
富营养	轻度富营养	60	0.10	1.0	0.026	8.0	0.5
	中度富营养	70	0.20	2.0	0.064	10	0.4
		80	0.60	6.0	0.16	25	0.3
	重度富营养	90	0.90	9.0	0.40	40	0.2
		100	1.3	16.0	1.0	60	0.12

3.2.2　湖库箱式水质模型

湖库箱式水质模型包括完全混合箱式模型和分层箱式模型两大类。完全混合箱式模型包括：①完全混合湖库水质模型；②湖库溶解氧模型；③Vollenweider 湖库模型；④Kirchner-Dillon 模型。分层箱式模型包括：①分层期模型(夏季模型)；②混合期模型；③非分层期模型(冬季模型)。

1. 完全混合湖库水质模型

面积小、封闭性强、四周污染源多的小湖或大湖湾，污染物排入水域后，在湖泊和风浪作用下有可能出现湖水均匀混合的现象。这时湖泊内各处水质均一，污染物浓度在空间上差异较小，同时湖库水力停留时间过长的特点也使得排入湖库的污染物有足够的时间扩散到水体的各个位置。因此，对湖库水质的研究更多的是关注湖库中污染物的平衡浓度。这样对于中小型湖库来说，就可以通过较长的时间尺度来忽略掉污染物在各个方向上的浓度梯度，将湖库看作一个完全混合的反应器。图 3.9 为完全混合湖库水质模型示意图。

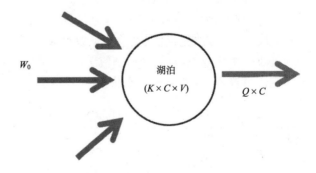

图 3.9　完全混合湖库水质模型示意图

根据质量守恒原理，可以写出反应器中的平衡方程，即反应器中污染物质量的变化率=污染物质量的输入率-污染物质量的输出率。

$$V \frac{\mathrm{d}C}{\mathrm{d}t} = W_0 - QC - KCV \tag{3-6}$$

式中，V 为反应器(湖泊)的容积；Q 为湖泊出流量；W_0 为污染物入库量；C 为输出浓度，即反应器中的浓度；K 为污染物质的降解率。

式(3-6)也可以写成如下形式：

$$\frac{\mathrm{d}C}{\mathrm{d}t} = \frac{W_0}{V} - \frac{Q}{V}C - KC \tag{3-7}$$

上式为一阶线性微分方程，分稳态和非稳态两种情况进行求解。

在稳态条件下，即 $\mathrm{d}C/\mathrm{d}t = 0$ 时，

$$C = W_0/(Q+KV)$$

在非稳态条件下，即 $\mathrm{d}C/\mathrm{d}t \neq 0$ 时，可以利用 MATLAB 软件来求解式(3-7)，式(3-7)为常系数微分方程，求解程序如下：

C=dsolve('DC=W0/V-Q/V*C-K*C','C(0)=C0','t')

程序运行结果如下：

C=(W0 + (C0*Q - W0 + C0*K*V)/exp((t*(Q + K*V))/V))/(Q + K*V)

对上式进行整理后，得

$$C = C_0\,\mathrm{e}^{-\alpha t} + W_0/(V\alpha)(1 - \mathrm{e}^{-\alpha t}) \tag{3-8}$$

$$\alpha = \frac{Q}{V} + k \tag{3-9}$$

当式(3-8)中的 t 足够长时，上式成为稳态条件下($\mathrm{d}C/\mathrm{d}t = 0$)的完全混合湖库水质模型。

对 MATLAB 软件求解微分方程(组)的命令 dsolve 作进一步解释。求解命令为 dsolve('方程 1', '方程 2', …, '方程 n', '初始条件', '自变量')。在表达微分方程时，用字母 D 表示求微分，D、D_2、D_3 等表示求一阶、二阶、三阶微分。任何 D 后所跟的字母为因变量，自变量可以指定或由系统规则选定为缺省，缺省情况下默认变量为 t。注意：①$y' = Dy$，$y'' = D_2y$；②自变量名可以省略，默认变量为 t。定解条件：系统在某一特定时刻的信息，独立于微分方程而成立，利用它们来确定有关的常数。

【案例 3-1】完全混合湖库水质模型

某湖泊容积 $V=2.0\times10^8\mathrm{m}^3$，出、入湖泊流量 $Q=3.1\times10^9\mathrm{m}^3/\mathrm{a}$，已知磷的输入量为 $3.5\times10^8\mathrm{g/a}$，磷降解率 $K=0.01\mathrm{d}^{-1}$，蒸发量等于降水量。试确定无限长时间($t\to\infty$)湖泊磷的平衡浓度。

解：依据湖泊完全混合水质模型的解析解式(3-8)

$$C(t) = C_0\,\mathrm{e}^{-\alpha t} + W_0/(V\alpha)(1 - \mathrm{e}^{-\alpha t})$$

其中，

$$\alpha = Q/V + K$$

当 $t\to\infty$ 时，

$$C(t) = \frac{W_0}{\alpha V} = \frac{W_0}{Q+KV} = \frac{3.5\times10^8}{3.1\times10^9 + 0.01\times365\times2.0\times10^8} = 0.091(\mathrm{mg/L})$$

2. 湖库溶解氧模型

湖库溶解氧不同于其他污染物,需要单独建立数学模型。湖水中溶解氧 DO 受到 BOD 衰减和 DO 复氧过程影响,假定耗氧速率等同于 BOD 的衰减速率,复氧速率与氧亏值 $(DO_f - DO)$ 成正比,则湖库溶解氧模型为

$$\begin{cases} \dfrac{dL}{dt} = -K_1 L \\[2mm] \dfrac{\partial DO}{\partial t} = -K_1 L + K_2 (DO_f - DO) \end{cases}$$

式中,L、DO 为湖水中 BOD、DO 浓度,mg/L;K_1、K_2 为耗氧、复氧系数,d^{-1};DO_f 为饱和溶解氧浓度,mg/L。

其稳态解为

$$DO = DO_f - \frac{K_1}{K_2} L$$

饱和溶解氧 DO_f 的估算:由于水体饱和溶解氧是温度的函数,通常情况下,饱和溶解氧的计算公式为(T 为摄氏温度)

$$DO_f = \frac{468}{T + 31.6}$$

3. Vollenweider 湖库模型

假定:对于停留时间较长,水质基本上处于稳定状态的湖库,它的污染物浓度随时间变化率是该种污染物输入、输出和在湖库内沉积衰减的函数,其基本质量模型可用式 (3-10) 描述:

$$V \frac{dC}{dt} = Q(C_0 - C) - KVC \tag{3-10}$$

根据具体情况,式 (3-10) 可以写作

$$V \frac{dC}{dt} = Q_p C_p + W_0 - Q_h C - K_1 VC \tag{3-11}$$

式中,C_p 为污染物排放浓度,g/m^3;Q_p 为废水排放量,m^3/d;W_0 为湖库中现有污染物的排入负荷(通过非点源途径、溪流和降水等外部输入的污染物总量,g/d;Q_h 为湖库水出流量,m^3/d;K_1 为耗氧系数,d^{-1};V 为湖库体积,m^3。

式 (3-11) 在初始条件 $C(0) = C_0$ 下的解析解为

$$C = \frac{Q_p C_p + W_0}{Q_h + K_1 V} + C_0 \exp\left[-\left(\frac{Q_h}{V} + K_1\right)t\right] - \frac{Q_p C_p + W_0}{Q_h + K_1 V} \exp\left[-\left(\frac{Q_h}{V} + K_1\right)t\right] \tag{3-12}$$

令 $K_h = \dfrac{Q_h}{V} + K_1$,则 $Q_h + K_1 V = K_h V$,上式可写成

$$C = \frac{Q_p C_p + W_0}{K_h V} + \left(C_0 - \frac{Q_p C_p + W_0}{K_h V}\right) \exp(-K_h t) \tag{3-13}$$

式(3-13)中当 t 足够长时,即湖库的入流、出流量及污染物输入稳定情况下,式(3-13)变为

$$C = \frac{Q_p C_p + W_0}{K_h V} = \frac{Q_p C_p + W_0}{Q_h + K_1 V} = \frac{Q_p C_p + W_0}{V(r + K_1)} \tag{3-14}$$

$$r = \frac{1}{t_w} = \frac{Q_h}{V}$$

式中, r 为湖库的冲刷速度常数,它与湖库的水力停留时间 t_w 互为倒数;设 A_s 为湖库的水面面积, m^2 ,则

$$L_c = \frac{Q_p C_p + W_0}{A_s}$$

式中, L_c 为湖库单位面积的营养负荷, $g/(m^2 \cdot a)$ 。

因 $V = A_s H$,且有 $K_h = Q_h/V + K_1 = r + K_1$,则

$$C = \frac{A_s L_c}{V(r + K_1)} = \frac{L_c}{H(r + K_1)}$$

$$C = \frac{L_c}{H/t_w + K_1 H} \tag{3-15}$$

式中,耗氧系数 K_1 可根据经验公式进行测定和估算; H 为湖库的平均水深, m。式(3-14)和式(3-15)就是 Vollenweider 模型。

【案例 3-2】Vollenweider 湖库模型

某湖泊容积为 150 万 m^3 ,规划中将处理后的含磷城市生活污水排入湖中,其流量为 3 万 m^3/d ,含磷 0.15mg/L。另外有一流量为 4 万 m^3/d 的地面径流排入湖中,径流含磷浓度为 0.025mg/L,湖泊接受的其他干沉降磷为 100g/d。湖泊对磷的净化系数 K_1 为 $0.2d^{-1}$ 。若要求湖泊中磷含量不大于城市饮用水源地的一级保护标准(0.01mg/L),确定该废水在城市污水处理厂的处理效率(假设湖泊的输出水量等于输入水量)。

解:一般将湖泊的输出水量估计为输入水量之和,所以有

$Q_h = (3+4) \times 10^4 (m^3/d)$; $V = 150 \times 10^4 (m^3)$; $Q_p = 3 \times 10^4 (m^3/d)$

$W_0 = 100 + 4 \times 10^4 \times 0.025$

　　$= 100 + 0.1 \times 10^4 = 0.11 \times 10^4 (g/d)$

根据 Vollenweider 模型式(3-14),代入各值,有

$$C = \frac{Q_p C_p + W_0}{K_h V} = \frac{Q_p C_p + W_0}{Q_h + K_1 V} = \frac{3 \times 10^4 \times C_p + 0.11 \times 10^4}{7 \times 10^4 + 0.2 \times 150 \times 10^4} \leqslant 0.01$$

得 $C_p \leqslant 0.086$ mg/L,即污水含磷浓度应不大于 0.086mg/L。

实际污水的含磷浓度为 0.15mg/L,所以要求城市污水处理厂的磷处理效率为 (0.15−0.086)/0.15×100%=42.7%。

4. Kirchner-Dillon 模型

有些湖库除了考虑污染物质的生化降解外,还需考虑沉积影响。Kirchner 和 Dillon

在 1975 年引入了滞留系数 R_c，R_c 定义为

$$R_c = \frac{K_3}{K_3 + r}$$

式中，K_3 为湖库中某种营养物质的沉降系数，a^{-1}；r 为湖库中某种营养物质的冲刷系数，a^{-1}；则

$$K_3 = \frac{R_c \cdot r}{1 - R_c}$$

可列出基本水质方程为

$$\frac{dC}{dt} = \frac{Q_p C_p + W_0}{V} - \frac{Q_h}{V} C - K_3 C = \frac{\sum\limits_{i=1}^{n} q_i C_{pi}}{V} - rC - K_3 C$$

式中，q_i 为第 i 条入流支流流量，m^3/a；C_{pi} 为某种营养物质的浓度，将 L_c 和 K_3 代入上式

$$\frac{dC}{dt} = \frac{L_c}{H} - \frac{rC}{1 - R_c}$$

在稳态条件下，即 $dC/dt = 0$，上式的定常解为

$$C = \frac{L_c(1 - R_c)}{rH} \tag{3-16}$$

R_c 可以直接由下式估算

$$R_c = 1 - \frac{\sum\limits_{j=1}^{n} q_{0j} C_{0j}}{\sum\limits_{k=1}^{m} q_{ik} C_{ik}}$$

式中，q_{0j} 和 C_{0j} 分别为第 j 条出流的流量和其中某种污染物(营养物质)的浓度；q_{ik} 和 C_{ik} 分别为第 k 条入流的流量和其中某种污染物(营养物质)的浓度。

5. 分层模型

湖库的显著水文特征是夏季的温度分层，而上高下低的温度所造成的密度差导致了夏季湖库水质强烈的分层，这种情况下需要采用分层的箱式模型来描述水质的变化。分层箱式模型分为夏季模型和冬季模型。夏季模型考虑上下分层现象，上层和下层各视为完全混合模型；冬季模型则视为完全混合。

3.3　河流水质建模和仿真

3.3.1　河流水质过程分析

河流水质状况与污水和河水混合的物理过程(推流、湍流扩散、弥散等)、生物化学过程(碳氧化、氮氧化、复氧作用、光合作用、藻类的呼吸作用等)密切相关。建立河流水质模型的基本思想就是对这些过程在模型中作合理的简化，从而使它们的定量化关系在模型中得到反映。

1. 污染物分类

根据污染物在水环境中输移、衰减的特点及现有的预测模型，一般将污染物分为四大类：

(1)持久性污染物，指所有在水环境中难降解、毒性大，以及长期积累的有毒物质，如重金属、芳烃类有机物等。

(2)非持久性污染物，指在水环境中能通过自身衰变能力衰减的放射性物质和在微生物作用下可以迅速生化降解的有机物。

(3)酸和碱(用 pH 表征)。

(4)热污染(以温度表征)。

2. 河流水质过程的影响因素分析

影响地表水水质过程的因素很多，不同水体显现的问题各有不同。在此主要分析影响水质过程的一般性问题，对于特殊问题在具体涉及的水质模型中讨论。下面分别对地表水水质产生影响的物理过程、生化过程、耗氧和复氧过程及水生植物光合作用和藻类的呼吸作用进行分析。

1)物理过程

物理过程是指污染物在水体中的输移、扩散、沉降、悬浮、吸附、解吸、挥发等，这些过程对污染物的分布形式有影响而对污染物总量不产生影响。在水质基本模型建立过程中，为使模型简单易解，一般认为污染物与水体可互溶且具有相同水力学特性。这样就可暂不考虑沉降、悬浮、吸附、解吸、挥发等过程对水体污染物浓度的影响。因此，在水质基本模型中，物理过程中的输移和扩散是影响污染物时空状态的主要因素，而其他因素可以作为源汇项在实际应用中对水质基本模型作一定的修正。对于输移和扩散作用在 3.1 节已有讨论，其他物理过程，一般是在基本模型基础上引入吸附系数、沉降系数等来修正。

2)生化过程

污染物排入水体后，会在水体中各种细菌的作用下产生一系列的生物化学反应：一方面使得部分有机污染物氧化分解而衰减；另一方面会消耗水体中的溶解氧。如果污染物排入过量，水体中的溶解氧就会消耗殆尽，使得水生动物(鱼类、原生动物)死亡，导致水质恶化、生态环境破坏。当水体中出现厌氧状态时，有机物在厌氧菌的还原作用下，生成甲烷气体，甲烷气体和水体中的硫酸根离子作用生成硫化氢，水面会出现气泡并伴随固体悬浮物浮出水面，产生难闻的恶臭气味。水体中有机污染物的氧化过程分为两个步骤：含碳有机物的氧化(即碳化过程，BOD_C)和含氮化合物的氧化(即硝化过程，BOD_N)。有机物在好氧菌作用下，先是含碳有机物发生氧化分解(图 3.10 的曲线 1)，用 BOD_C 表示；而硝化过程缓慢，一般在污染物进入

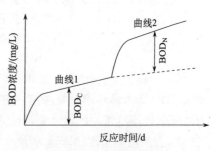

图 3.10 生化耗氧过程图

河流 10d 后发生，含有氮的有机物发生氧化分解，也称为硝化过程（图 3.10 的曲线 2），用 BOD_N 表示。

一般情况下，假定 BOD 降解近似一级动力学反应，即 BOD 随时间的变化可以采用下式描述：

$$\frac{dL}{dt} = -K_1 L$$

$$L = L_0 \exp(-K_1 t)$$

式中，L 为 t 时刻可生化降解有机物的剩余生化需氧量；L_0 为初始时刻总生化需氧量；K_1 为有机物降解速度常数，也称为耗氧系数，其与温度有关，标准温度下的修正关系式为 $K_{1,T}=K_{1,20}\theta^{T-20}$，$\theta$ 通常取 1.047（$T=35\sim100℃$），$K_{1,20}$ 为 20℃条件下的耗氧系数值。K_1 可通过在试验室中测定生化需氧量和时间关系来估计。

也可以通过现场两点法测定的方式，由下式来估算

$$K_1 = 1/t \times \ln(L_A/L_B)$$

式中，L_A、L_B 为上游断面 A、下游断面 B 处的 BOD 浓度；t 为两断面间的流行时间。

两点法测定河流耗氧系数的应用条件是两个断面之间没有排污口和支流流入。

3）耗氧和复氧过程

耗氧过程。废水排入水体后，随着污染物在水体中的迁移转化，会因以下原因使河水中的溶解氧逐渐被消耗：①河水中含碳化合物的氧化分解引起耗氧；②河水中含氮化合物的氧化分解引起耗氧；③河床底泥中的有机物在缺氧条件下，发生厌氧分解，产生有机酸和甲烷、二氧化碳、氨等气体，当它们释放到水体中时，消耗水中的氧气；④藻类的呼吸。

复氧过程。河水中溶解氧的供应来源包括：①上游河水或有潮汐河段海水带来的溶解氧；②排入水体的废水所带来的溶解氧；③大气复氧，其中，大气中的氧向水中扩散溶解，是目前水体中溶解氧的主要来源；④水生植物的光合作用。

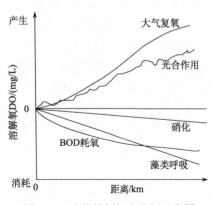

图 3.11　水体的耗氧和复氧示意图

耗氧过程和复氧过程见图 3.11。

氧气由大气进入水体中的质量传递速度可以表示为

$$\frac{\partial DO}{\partial t} = K_2(DO_f - DO)$$

$$\frac{dD}{dt} = -K_2(DO_f - DO) = -K_2 D$$

式中，DO 为水体中溶解氧浓度；DO_f 为饱和溶解氧浓度；K_2 复氧系数；$D=(DO_f-DO)$，为溶解氧的不足量，即氧亏。河流水体中 BOD 和 DO 的变化过程如图 3.12 所示。

K_2 与河流的水深、流速等水力学参数有关，可以用水力学参数来估算。与 K_1 类似，K_2 也是温度的函数，也有一个标准温度下的修正关系式：

$$K_{2,T} = K_{2,20}\theta^{T-20}$$

式中，$K_{2,20}$ 为 20℃条件下的大气复氧速度常数；θ 通常取 1.024。

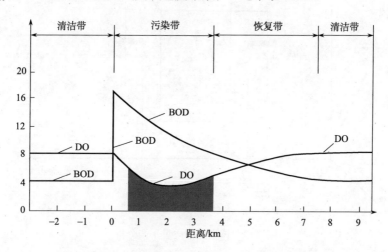

图 3.12　河流水体中 BOD 和 DO 的变化过程

4）水生植物光合作用和藻类的呼吸作用

光合作用：河流溶解氧的另一个重要来源是水生植物的光合作用，其产氧速率为

$$P_t = P_m \cdot \sin(t/T \cdot \pi) \qquad\qquad 0 \leqslant t \leqslant T$$

式中，T 为光照时间；P_m 为一天中最大的光合作用产氧速度（0~30mg/L）。

藻类的呼吸作用：消耗河水中的溶解氧，其耗氧速度通常看作常数，一般 R 值在
0~5mg/（L·d）。

3.3.2　河流一维水质模型

1. 河流一维水质基本模型的推导

河流一维水质基本模型是描述在一个空间方向（如 x 方向）上存在环境质量变化，即存在污染物浓度梯度的模型。下面通过对河段中的一个体积单元（图 3.13）来建立污染物质量平衡方程，并推导出河流一维水质基本模型。X 为水流流向，Y 为河宽方向，Z 为水深方向，Δx、Δy、Δz 为体积单元的长度、宽度和高度，x_0 和 $x_0+\Delta x$ 为体积单元沿 X 方向的上断面和下断面位置，$f(x_0)$、$f(x_0+\Delta x)$ 为通过单元体上、下断面的推流迁移通量，$I(x_0)$、$I(x_0+\Delta x)$ 为通过上、下断面的弥散通量。根据质量守恒原理，该体积单元内的水体污染物在 Δt 时段内的质量变化量，必然等于 Δt 时段内各项作用引起的该微分河段污染物质量的增（减）量。

1）推流运动引起的污染物质量增量

推流运动是以断面平均流速为代表的水体平流运动。推流迁移通量函数 $f(x)$ 根据泰勒公式在 $x=x_0$ 展开，即

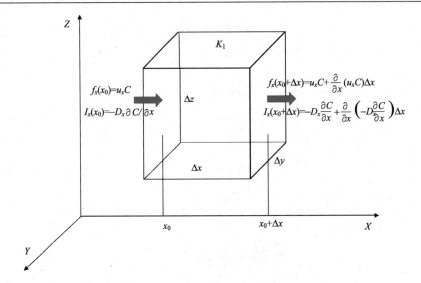

图 3.13　体积元的质量平衡分析

$$f(x) = u_x C + (u_x C)'(x - x_0) + \frac{(u_x C)''}{2!}(x - x_0)^2 + \cdots + \frac{(u_x C)^n}{n!}(x - x_0)^n$$

所以，在 $x = x_0 + \Delta x$ 处，

$$f(x_0 + \Delta x) = u_x C + (u_x C)'(x_0 + \Delta x - x_0) + \frac{(u_x C)''}{2!}(x_0 + \Delta x - x_0)^2 + \cdots + \frac{(u_x C)^n}{n!}(x_0 + \Delta x - x_0)^n$$

$$= u_x C + (u_x C)' \Delta x + \frac{(u_x C)''}{2!}(\Delta x)^2 + \cdots + \frac{(u_x C)^n}{n!}(\Delta x)^n$$

因为微元很小，Δx 也很小，可将所有含大于 2 阶的导数项省略，得

$$f(x_0 + \Delta x) \approx u_x C + (u_x C)' \Delta x = u_x C + \frac{\partial u_x C}{\partial x}(\Delta x)$$

Δt 时段内由上断面进入体积单元的污染物输入量：

$$f(x_0)\, \Delta y \Delta z \Delta t = u_x C \Delta y \Delta z \Delta t$$

Δt 时段内由下断面流出微分河段的污染物输出量：

$$f(x_0 + \Delta x)\, \Delta y \Delta z \Delta t = \left(u_x C + \frac{\partial u_x C}{\partial x} \Delta x \right) \Delta y \Delta z \Delta t$$

Δt 时段内由推流运动引起的污染物质量增量：

$$f(x_0)\, \Delta y \Delta z \Delta t - f(x_0 + \Delta x)\, \Delta y \Delta z \Delta t = -\frac{\partial u_x C}{\partial x} \Delta x\, \Delta y \Delta z \Delta t$$

注：利用泰勒公式将任意函数 $f(x)$ 在某点 $x = x_0$ 处的级数展开式为

$$f(x) = f(x_0) + f'x_0 (x - x_0) + \frac{f''x_0}{2!}(x - x_0)^2 + \cdots + \frac{f^n(x_0)}{n!}(x - x_0)^n$$

2) 水流的纵向弥散作用引起的污染物质量增量

弥散通量函数 $I(x)$ 根据泰勒公式在 $x = x_0$ 展开，即

$$I(x) = -D_x \frac{\partial c}{\partial x} + \left(-D_x \frac{\partial c}{\partial x}\right)'(x-x_0) + \frac{\left(-D_x \frac{\partial c}{\partial x}\right)''}{2!}(x-x_0)^2 + \cdots + \frac{\left(-D_x \frac{\partial c}{\partial x}\right)^n}{n!}(x-x_0)^n$$

所以，在 $x = x_0 + \Delta x$ 处，将所有含大于 2 阶的导数项省略，得

$$I(x_0 + \Delta x) = -D_x \frac{\partial C}{\partial x} + \left(-D_x \frac{\partial C}{\partial x}\right)'(x_0 + \Delta x - x_0)$$

$$I(x_0 + \Delta x) = \left(-D_x \frac{\partial C}{\partial x} + \frac{\partial}{\partial x}\left(-D_x \frac{\partial C}{\partial x}\right)\Delta x\right)$$

Δt 时段内由上断面进入体积单元的污染物输入量为

$$I(x_0)\, \Delta y \Delta z \Delta t = -D_x \frac{\partial C}{\partial x} \Delta y \Delta z \Delta t$$

Δt 时段内由体积单元下断面流出的污染物输出量为

$$I(x_0 + \Delta x)\, \Delta y \Delta z \Delta t = \left(-D_x \frac{\partial C}{\partial x} + \frac{\partial}{\partial x}\left(-D_x \frac{\partial C}{\partial x}\right)\Delta x\right)\Delta y \Delta z \Delta t$$

Δt 时段内由弥散作用引起的污染物质量增量：

$$I(x_0)\, \Delta y \Delta z \Delta t - I(x_0 + \Delta x)\, \Delta y \Delta z \Delta t = \frac{\partial}{\partial x}\left(D_x \frac{\partial C}{\partial x}\right)\Delta x \Delta y \Delta z \Delta t = D_x \frac{\partial^2 C}{\partial x} \Delta x \Delta y \Delta z \Delta t$$

3) 衰减转化项 (源漏项) 引起的污染物质量增量

衰减转化项为由生化作用引起的污染物降解与增生，以及由沉淀与再悬浮等内部作用引起的污染物增减量：$\sum S_i \Delta x \Delta y \Delta z \Delta t$，$S_i$ 为河段内部各种作用中第 i 种作用引起的单位体积水体中的污染物质在单位时间内的增减量。如仅考虑生物降解且满足一级衰减反应，则

$$\sum S_i A \Delta x \Delta t = -K_1 C \Delta x \Delta y \Delta z \Delta t$$

4) 体积单元内部污染物质量变化量

在 Δt 时段内，体积单元内部污染物质量总的变化量为 $\frac{\partial C}{\partial t}\Delta x \Delta y \Delta z \Delta t$。

5) 体积单元污染物质量守恒方程

根据质量守恒原理，该体积单元内的水体污染物在 Δt 时段内的质量变化量，必然等于 Δt 时段内各项作用引起的该体积单元内污染物质量的增（减）量，即

$$\frac{\partial C}{\partial t}\Delta x \Delta y \Delta z \Delta t = -\frac{\partial u_x C}{\partial x}\Delta x\, \Delta y \Delta z \Delta t + D_x \frac{\partial^2 C}{\partial x}\Delta x \Delta y \Delta z \Delta t - K_1 C \Delta x \Delta y \Delta z \Delta t$$

$$\frac{\partial C}{\partial t} = -u_x \frac{\partial C}{\partial x} + D_x \frac{\partial^2 C}{\partial x^2} - K_1 C$$

$$\frac{\partial C}{\partial t} + u_x \frac{\partial C}{\partial x} = D_x \frac{\partial^2 C}{\partial x^2} - K_1 C \tag{3-17}$$

稳态条件下，即

$$u_x \frac{\partial C}{\partial x} = D_x \frac{\partial^2 C}{\partial x^2} - K_1 C \tag{3-18}$$

式(3-17)为均匀流场中河流一维水质基本模型。式(3-18)为稳态条件下河流一维水质基本模型。

2. Streeter-Phelps 模型的基本形式

Streeter-Phelps 模型于 1925 年由美国两位工程师斯特里特和费尔普斯提出，并在 1944 年由费尔普斯总结公布，是河流水质模型中用得最早的一个，简称 S-P 模型。S-P 模型的基本作用是描述一维稳态河流中的有机物降解过程和溶解氧的变化规律。其原理简化合理，因此广泛应用于河流水质的模拟预测，也用于计算允许最大排污量等。许多河流水质模型都是在该模型的基础上进行修正得到的。

S-P 模型的基本假设：

(1) BOD 衰减和溶解氧的复氧均遵从一级反应动力学方程，反应速度为定常。

(2) 水体中溶解氧减少的原因是好氧有机物在 BOD 反应中的细菌分解，即河流中的耗氧是由 BOD 衰减引起的。

(3) 水体中溶解氧的增加则是由于大气复氧，复氧速率与水中溶解氧的氧亏值成正比，即满足一级反应动力学方程。

根据以上假定，利用稳态条件下河流一维水质基本模型式(3-18)，可以写出 BOD 和 DO 的耦合方程(S-P 模型)，如下：

$$u_x \frac{\partial L}{\partial x} = D_x \frac{\partial^2 L}{\partial x^2} - K_1 L \tag{3-19}$$

$$u_x \frac{\partial O}{\partial x} = D_x \frac{\partial^2 O}{\partial O^2} - K_1 L + K_2 (\mathrm{DO_f} - \mathrm{DO})$$

式中，L、DO 为河水中 BOD 值、溶解氧浓度，mg/L；K_1、K_2 为耗氧、复氧系数，$\mathrm{d^{-1}}$；$\mathrm{DO_f}$ 为饱和溶解氧浓度，mg/L；D_x 为弥散系数，$\mathrm{m^2/s}$。

一般，当河流断面流速变化不大时，河流中的弥散作用远小于推流迁移作用，此时可忽略弥散作用，即 $D_x=0$，式(3-19)可写为

$$u_x \frac{\partial L}{\partial x} = -K_1 L$$

S-P 模型为常系数微分方程组，可采用 MATLAB 编程求解，求解方法参见上节。此处采用分离变量法。该式在初始条件 $L(0)=L_0$ 下的求解过程为

$$\frac{\mathrm{d}L}{\mathrm{d}x} = -\frac{K_1 L}{u_x}$$

$$\int_{L_0}^{L} \frac{\mathrm{d}L}{L} = \int_{0}^{x} -\frac{K_1}{u_x} \mathrm{d}x$$

$$\ln L - \ln L_0 = -\frac{K_1 x}{u_x}$$

$$\ln \frac{L}{L_0} = -\frac{K_1 x}{u_x}$$

因此，忽略了弥散作用的一维稳态解为

$$L = L_0\, e^{-K_1 x/u}$$

式中，L_0 可以根据质量平衡得到的下式计算

$$L_0 = \frac{QC_1 + qC_2}{Q + q}$$

式中，Q 为河流流量；q 为污水流量；C_1 为河流中某污染物的背景浓度；C_2 为污水中污染物的浓度。

溶解氧和氧亏值的推导结果如下

$$\mathrm{DO} = \mathrm{DO_f} - (\mathrm{DO_f} - \mathrm{DO_0})\, e^{-K_2 x/u_x} + \frac{K_1}{K_1 - K_2} L_0 (e^{-K_1 x/u_x} - e^{-K_2 x/u_x}) \tag{3-20}$$

$$D = D_0\, e^{-K_2 x/u_x} - \frac{K_1}{K_1 - K_2} L_0 (e^{-K_1 x/u_x} - e^{-K_2 x/u_x}) \tag{3-21}$$

式(3-20)和式(3-21)称为 S-P 氧垂公式，根据该式可绘制溶解氧沿程变化曲线，称为氧垂曲线，如图 3.14 所示。一般情况下，人们希望了解氧亏从哪里开始？最大氧亏是多少？最大氧亏发生在什么时间？由图 3.14 可知，耗氧曲线就是 BOD 的沿程变化，氧垂曲线为 DO 的沿程变化，复氧过程和耗氧过程的共同作用就是氧垂曲线过程。污染物排入河流以后，在 BOD 耗氧和大气复氧的作用下，会在排放点下游的某处 x_c 出现最大氧亏值，即该处溶解氧浓度最低，出现氧亏最大值的点称为溶解氧变化的临界点，临界点的确定对流域规划是至关重要的。

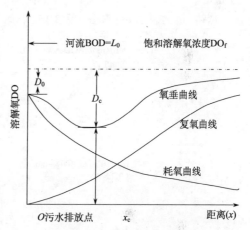

图 3.14　河流中溶解氧的氧垂曲线

临界点 x_c 是水体中溶解氧的变化速率由小变大的拐点(变化速度为 0)。因此，在拐点处 dDO/dx=0，对式(3-21)求导数，即 dD/dx=0，可得临界距离 x_c 和临界氧亏值 D_c。

$$x_c = \frac{u}{K_2 - K_1} \ln\left\{ \frac{K_2}{K_1} \left[1 - \frac{D_0(K_2 - K_1)}{L_0 K_1} \right] \right\} \tag{3-22}$$

$$D_c = \frac{K_1}{K_2} L_0 e^{-K_1 x_c/u} \tag{3-23}$$

可求得最大氧亏值出现的时间 t_c

$$t_c = \frac{1}{K_2 - K_1} \ln\left\{ \frac{K_2}{K_1} \left[1 - \frac{D_0(K_2 - K_1)}{L_0 K_1} \right] \right\} \tag{3-24}$$

在上式中，令 $F = K_2/K_1$，为复氧-耗氧比率或自净系数，它反映河流溶解氧增加作用的快慢。一般水体的 F 值大于 1.0，才能保证水体有一定的自净功能，水体流动越快，F 值越大。Fair 测定并总结了各种水体的 F 值，如表 3.3 所示。

表 3.3 一般自然水体中的复氧-耗氧比率 F（自净系数）

水体	K_2/K_1	水体	K_2/K_1
池塘	0.5~1.0	慢速、潮汐型河流	1.0~2.0
流速较慢的河流	1.5~5.0	一般速度的大型河流	2.0~3.0
流速快的河流	3.5~5.0	瀑布	3.0~6.0

【案例3-3】S-P模型用于河流水质的模拟预测

某河段流量 $Q=2.16\times10^6\mathrm{m}^3/\mathrm{d}$，流速 $u=46\mathrm{km/d}$，水温 $T=13.6℃$，耗氧系数 $K_1=0.94/\mathrm{d}$，复氧系数 $K_2=1.82/\mathrm{d}$，$BOD_5=0\mathrm{mg/L}$，溶解氧 $DO=8.95\mathrm{mg/L}$；起始断面有一排污口，废水量为 $q=10^5\mathrm{m}^3/\mathrm{d}$，$BOD_5=500\mathrm{mg/L}$，$DO=0\mathrm{mg/L}$，求排污口下游 $6\mathrm{km}$ 处河水的 BOD_5 和氧亏值 D。

解：该河段排污情况如图 3.15 所示。

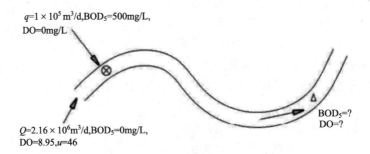

图 3.15 研究河段排污示意图

(1) 起始断面河水的 BOD_5 和 DO：

$$L_0 = \frac{QC_1 + qC_2}{Q+q}$$

$$L_0 = \frac{2.16\times10^6\times0 + 1\times10^5\times500}{2.16\times10^6 + 1\times10^5} = 22.12(\mathrm{mg/L})$$

$$DO_0 = \frac{2.16\times10^6\times8.95 + 1\times10^5\times0}{2.16\times10^6 + 1\times10^5} = 8.55(\mathrm{mg/L})$$

(2) 初始氧亏 D_0 的确定：

$$DO_f = 468/(31.6+T) = 468/(31.6+13.6) = 10.35\,(\mathrm{mg/L})$$

$$D_0 = DO_f - DO_0 = 10.35 - 8.55 = 1.80\,(\mathrm{mg/L})$$

(3) $x=6\mathrm{km}$ 处的 BOD_5 和 D 值：

$$L = L_0\mathrm{e}^{-K_1x/u}$$

$$L = 22.12\exp\left(-\frac{0.94}{46}\times6\right) = 19.558\,(\mathrm{mg/L})$$

$$D = D_0 e^{-K_2 x/u_x} - \frac{K_1}{K_1 - K_2} L_0 (e^{-K_1 x/u_x} - e^{-K_2 x/u_x})$$

$$D = 1.8 \exp\left(-\frac{1.82 \times 6}{46}\right) - \frac{0.94 \times 22.124}{0.94 - 1.82} \times \left[\exp\left(-\frac{0.94 \times 6}{46}\right) - \exp\left(-\frac{1.82 \times 6}{46}\right)\right] = 3.665 (\text{mg/L})$$

（4）临界距离和临界氧亏：

$$x_c = \frac{u}{K_2 - K_1} \ln\left\{\frac{K_2}{K_1}\left[1 - \frac{D_0(K_2 - K_1)}{L_0 K_1}\right]\right\} = 30 (\text{km})$$

$$D_c = \frac{K_1}{K_2} L_0 e^{-K_1 x_c/u} = 6.14 (\text{mg/L})$$

【案例 3-4】利用 S-P 模型计算排污口允许最大排污量

已知某河流岸边有一处污水排放口，污水排放量为 0.5m³/s，污水中的 BOD 浓度为 400mg/L；上游平均流量为 20m³/s，流速 u_x=0.2m/s，上游来水中 BOD 浓度为 2mg/L；起始断面氧亏值为 0.5mg/L，水温 25℃。标准温度 20℃下的 K_1=0.1d⁻¹，K_2=0.2d⁻¹。试确定最大氧亏值和最大氧亏出现时间？最大氧亏值距排污口的距离？为了保证排放口下游 8km 处的溶解氧不低于 4mg/L，BOD 不大于 8mg/L，请确定排放口污水的处理程度。

解：由已知条件可得 D_0=0.5mg/L，u_x=0.2m/s，q=0.5m³/s，Q=20 m³/s，L_q=400mg/L，L_Q=2mg/L，T=25℃。

$$L_0 = \frac{L_q q + L_Q Q}{q + Q} = \frac{0.5 \times 400 + 20 \times 2}{0.5 + 20} = 11.71 (\text{mg/L})$$

$$\text{DO}_f = \frac{468}{T + 31.6} = \frac{468}{25 + 31.6} = 8.27 (\text{mg/L})$$

$$K_1(25℃) = K_1(20℃) \times 1.047^{(25-20)} = 0.126 (\text{d}^{-1})$$

$$K_2(25℃) = K_2(20℃) \times 1.024^{(25-20)} = 0.225 (\text{d}^{-1})$$

$$t_c = \frac{x_c}{u} = \frac{1}{K_2 - K_1} \ln\left\{\frac{K_2}{K_1}\left[1 - \frac{D_0(K_2 - K_1)}{L_0 K_1}\right]\right\}$$

$$= \frac{1}{0.225 - 0.126} \ln\left\{\frac{0.225}{0.126}\left[1 - \frac{0.5(0.225 - 0.126)}{11.71 \times 0.126}\right]\right\}$$

$$= 5.51 (\text{d}^{-1})$$

$$u = 0.2\text{m/s} = 0.2 \times 3600/1000 = 0.72\text{km/h} = 17.28 (\text{km/d})$$

$$x_c = t_c u = 5.51 \times 17.28 = 95.21 (\text{km})$$

$$D_c = \frac{K_1}{K_2} L_0 \exp(-K_1 t_c) = \frac{0.126}{0.225} \times 11.71 \times \exp(-0.126 \times 5.51)$$

$$= 3.27 (\text{mg/L})$$

距排污口 8km 处的 BOD 为

$$L = L_0 \exp\left(-K_1 \frac{x}{u_x}\right) = 11.71 * \exp(-0.126 \times 8 / 17.28) = 11.04 (\text{mg/L})$$

距排污口 8km 处的氧亏值为

$$D = D_0 e^{-K_2 x/u} - \frac{K_1}{K_1 - K_2} L_0 (e^{-K_1 x/u} - e^{-K_2 x/u})$$

$$= 0.5 e^{-0.225 \times 8/17.28} - \frac{0.126}{0.126 - 0.225} \times 11.71 \times (e^{-0.126 \times 8/17.28} - e^{-0.225 \times 8/17.28})$$

$$= 1.08 (\text{mg}/\text{L})$$

所以，距排污口 8km 处的溶解氧为

$$\text{DO} = \text{DO}_f - D = 8.27 - 1.08 = 7.19 (\text{mg}/\text{L})$$

由上述计算结果可以看出，在不对污水进行处理的情况下，8km 处的溶解氧能够满足要求，但 BOD 不能满足要求（11.04>8），因此需以 BOD 为标准进行削减处理。

如果 8km 处的 BOD 浓度等于 8mg/L，则可反推出污水排放口断面的初始 BOD 浓度 L_0'：

$$L_0' = L / \exp\left(-K_1 \frac{x}{u_x}\right) = 8 / \exp\left[(-0.126 \times 8)/17.28\right] = 8.48 (\text{mg}/\text{L})$$

$$L_0' = \frac{L_q' q + L_Q Q}{q + Q} = \frac{L_q' \times 0.5 + 20 \times 2}{0.5 + 20} = 8.48 (\text{mg}/\text{L})$$

得到

$$L_q' = 267.84 (\text{mg}/\text{L})$$

因此，要满足 8km 处的水质要求，污水的处理程度为

$$\eta = \frac{L_q - L_q'}{L_q} \times 100\% = \frac{400 - 267.84}{400} \times 100\% = 33.04\%$$

3. Streeter-Phelps 模型的修正形式

S-P 模型描述的是 BOD 和 DO 耦合的基本水质模型。它没有考虑系统内源汇项对河流水质的影响，因此，在实际应用中，可根据河流的具体情况，对 S-P 模型进行修正。相关的修正模型有：Thomas 模型（考虑沉降的影响）；Dobbins-Camp 模型（考虑沉降影响及河流底泥的耗氧和光合作用增氧对水质的影响）；O'Connor 模型（在 Thomas 模型基础上引进了含氮有机物对水质的影响）。

1）Thomas 模型

对于沉降明显的河流，Thomas 在 S-P 模型的基础上，引入了沉淀系数 K_3，表示由沉淀作用而去除的 BOD 的速度常数，用以考虑沉降作用对 BOD 去除的综合影响。就是将 $K_1 + K_3$ 代替 S-P 模型中 BOD 模型部分的 K_1，即

$$u \frac{\partial L}{\partial x} = -(K_1 + K_3) L$$

$$u \frac{\partial O}{\partial x} = -K_1 L + K_2 (\text{DO}_f - \text{DO})$$

式中，K_3 为正值表示悬浮物的沉淀作用，负值表示冲刷作用。

上式的解析解为

$$\begin{cases} L = L_0\,\mathrm{e}^{-(K_1+K_3)t} \\ D = D_0\mathrm{e}^{-K_2x/u} - \dfrac{K_1}{(K_1+K_3)-K_2}L_0\big(\mathrm{e}^{-(K_1+K_3)x/u} - \mathrm{e}^{-K_2x/u}\big) \end{cases}$$

托马斯模型临界距离公式为

$$x_\mathrm{c} = \frac{u}{K_2-(K_1+K_3)}\ln\left\{\frac{K_2}{K_1+K_3}\left[1-\frac{D_0(K_2-(K_1+K_3))}{L_0K_1}\right]\right\}$$

【案例 3-5】Thomas 模型应用案例

河段长 16km，枯水流量 Q=60m³/s，BOD 为 0mg/L，平均流速 u=0.3m/s，污水流量 q=2m³/s，DO=0mg/L，K_1=0.25/d，K_2=0.40/d，K_3=0.10/d，水流稳定。如果在河段中保持 DO ≥5mg/L，问在河段始端每天排放的 BOD 不应超过多少？（上游溶解氧饱和，水温 25℃）

(1) 饱和溶解氧 $\mathrm{DO_f}$ =468/(31.6+25)=8.27mg/L，根据上游溶解氧饱和条件可知上游来水中溶解氧为 8.27mg/L，则初始断面的溶解氧为

$$\mathrm{DO_0}=(60\times8.27+2\times0)/(2+60)=8.00\,(\mathrm{mg/L})$$

$$D_0=8.27-8.00=0.27\,(\mathrm{mg/L})$$

$$u=0.3\mathrm{m/s}=0.3\times3600\times24/1000=25.92\,(\mathrm{km/d})$$

(2) 根据托马斯模型临界距离公式：水流稳定，且上游溶解氧饱和，可近似认为 D_0=0，则

$$\begin{aligned} x_\mathrm{c} &= \frac{u}{K_2-(K_1+K_3)}\ln\left\{\frac{K_2}{K_1+K_3}\left[1-\frac{D_0(K_2-(K_1+K_3))}{L_0K_1}\right]\right\} \\ &= \frac{25.92}{0.40-(0.25+0.10)}\ln\left\{\frac{0.40}{0.25+0.10}[1-0]\right\}=69.2(\mathrm{km}) \end{aligned}$$

(3) 河段末氧亏值需满足：$D<$ $\mathrm{DO_f}$ $-$DO=8.27$-$5=3.27mg/L，根据托马斯模型解的公式，计算 16km 处的氧亏值：

$$D = D_0\mathrm{e}^{-K_2x/u} - \frac{K_1}{(K_1+K_3)-K_2}L_0[\mathrm{e}^{-(K_1+K_3)x/u} - \mathrm{e}^{-K_2x/u}]$$

$$= 0.27\mathrm{e}^{-0.40\times16/25.92} - \frac{0.25L_0}{(0.25+0.10)-0.4}[\mathrm{e}^{-(0.25+0.10)\times16/25.92} - \mathrm{e}^{-0.40\times16/25.92}] < 3.27$$

$$L_0<26.71\,(\mathrm{mg/L})$$

$$L_0 = \frac{L_qq+L_QQ}{q+Q} = \frac{L_q\times2+0\times60}{2+60} = 26.71(\mathrm{mg/L})$$

解得 L_q=828.01（mg/L）。

2) Dobbinst-Camp 模型

Dobbins-Camp 模型是在 Thomas 模型的基础上，BOD 和 DO 项各加 1 个常数项，以同时考虑沉降影响和河流底泥的耗氧及光合作用增氧对水质的影响，其中，R 为底泥的

耗氧速度；P 为河流中光合作用的产氧速度。

$$u\frac{\partial L}{\partial x} = -(K_1 + K_3)L + R$$

$$u\frac{\partial O}{\partial x} = -K_1 L + K_2(O_s - O) - P$$

上式的解析解为

$$L = \left(L_0 - \frac{R}{K_1 + K_3}\right)\exp\left[-(K_1 + K_3)t\right] + \frac{R}{K_1 + K_3}$$

$$D = \frac{K_1}{K_2 - (K_1 + K_3)}\left(L_0 - \frac{R}{K_1 + K_3}\right)\left\{\exp\left[-(K_1 + K_3)t\right] - \exp(-K_2 t)\right\}$$

$$+ \frac{K_1}{K_2}\left(\frac{R}{K_1 + K_3} - \frac{P}{K_1}\right)\left[1 - \exp(-K_2 t)\right] + D_0\exp(-K_2 t)$$

式中，R 为底泥中有机物释放和再悬浮所增加的 BOD 速度；P 为由光合作用、藻类呼吸或底泥有机物引起的 DO 减小速度。

3）O'Connor 模型

O'Connor 模型是假设河流中的总 BOD 是 BOD_C 和 BOD_N 之和，即 $L = L_C + L_N$，也就是在 Thomas 模型基础上考虑了含氮有机物对水质的影响。

$$u\frac{\partial L_c}{\partial x} = -(K_1 + K_3)L_C$$

$$u\frac{\partial L_N}{\partial x} = -K_N L_N$$

$$u\frac{\partial O}{\partial x} = -K_1 L_C - K_N L_N + K_2(O_s - O)$$

初始条件和边界条件为 $t=0$，$x=0$，$L_C = L_{C_0}$，$L_N = L_{N_0}$，$D = D_0$ 时，其解析解为

$$\begin{cases} L_C = L_{C_0}\exp\left[-(K_1 + K_3)t\right] \\ L_N = L_{N_0}\exp\left[-K_N t\right] \\ D = \frac{K_1 L_{C_0}}{K_2 - (K_1 + K_3)}\left\{\exp\left[-(K_1 + K_3)t\right] - \exp(-K_2 t)\right\} \\ \quad + \frac{K_N L_{N_0}}{K_N - K_2}\left[\exp(-K_N t) - \exp(-K_2 t)\right] + D_0\exp(-K_2 t) \end{cases}$$

初始条件和边界条件为 $t=0$，$x=0$，$L_C = L_{C_0}$，K_N 为含氮有机物的衰减速度常数，L_N 为含氮有机物的 BOD 值。

3.3.3 河流二维水质模型

对于排放到河流中的污染物在完成横向混合前这段过程，污染物在纵向和横向都存在浓度梯度，这时需要采用河流二维水质模型来描述其过程。在河床形状规则、水量稳定的条件下，通过一个微小体积单元的污染物质量平衡来推导二维环境质量基本模型（图

3.16），推导过程与河流一维水质基本模型相似。河流二维水质基本模型是描述在两个空间方向上存在环境质量变化，即存在污染物浓度梯度的模型。

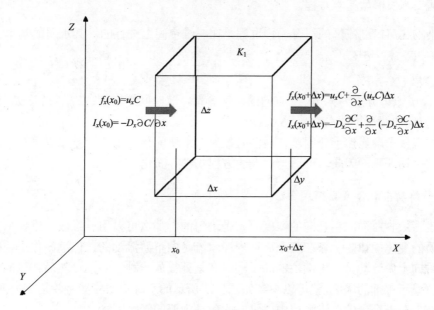

图 3.16　微小体积单元的质量平衡

图 3.16 表示一个微小体积元在 x 方向的污染物输入、输出关系。Δx、Δy、Δz 分别代表体积元三个方向的长度。由图 3.16 可以写出以下关系：与推导一维模型相似，当在 x 方向和 y 方向存在浓度梯度时，可以建立起 x、y 方向的二维环境质量基本模型

$$\frac{\partial C}{\partial t} = D_x \frac{\partial^2 C}{\partial x^2} + D_y \frac{\partial^2 C}{\partial y^2} - u_x \frac{\partial C}{\partial x} - u_y \frac{\partial C}{\partial y} - KC \tag{3-25}$$

式中，D_x、D_y 为 x、y 方向上的弥散系数；u_x、u_y 为 x、y 方向上的流速分量。二维模型主要应用于大型河流、河口、海湾、浅海、较大型湖泊的水质模拟和预测中。

3.4　河口及近海水质建模和仿真

3.4.1　潮汐对河口水质的影响

河口是指入海河流受到潮汐作用的一段水体。与一般河流的最大差别在于受到潮汐的影响后，水质显现出明显的时变特性。潮汐对河口水质的影响主要表现为：①随着海潮的涌入，大量的 Cl⁻ 及携带的泥沙进入河口段，使河水相对密度增大而 Cl⁻ 及泥沙吸附污染物发生沉降作用。②海水带入大量的溶解氧，增强了河口段的同化能力(新水与原河流水体的融合速度)。③由于潮汐的顶托作用，污水上溯，从而扩大了污染范围，延长了污染物在河口的停留时间，有机物的降解会进一步降低水体中的溶解氧，使水质下降。④对于通航的河口，由于宽度较大，深度较深，在无组织排放条件下，可能有很多排放口伸入河口，因而污染物不仅要经过很长距离才能完成横向混合，其混合输移的过程也

较河流复杂。

3.4.2 河口水质模型基本方程

污染物在河口潮流区的混合输移过程是在三维空间上进行的。其水质的基本方程为

$$\frac{\partial C}{\partial t} = E_{t,x}\frac{\partial^2 C}{\partial x^2} + E_{t,y}\frac{\partial^2 C}{\partial y^2} + E_{t,z}\frac{\partial^2 C}{\partial z^2} - u_x\frac{\partial C}{\partial x} - u_y\frac{\partial C}{\partial y} - u_z\frac{\partial C}{\partial z} - KC + \sum S_i$$

式中，u_x、u_y、u_z 分别为 x、y、z 方向的流速分量，取时间平均值；$E_{t,x}$、$E_{t,y}$、$E_{t,z}$ 分别为 x、y、z 方向的湍流扩散系数；$\sum S_i$ 为源汇项。

该式直接求解显然十分困难，很多时候河口水质的预测主要针对潮周平均、高潮平均和低潮平均水质。因此，可适当对上述方程式进行简化。

1. 一维动态混合衰减模式

假设污染物在横向和竖向的浓度分布是均匀的，那么可以用一维或二维模型来描述河口水质的变化规律。尽管在整个周期内净水流是向下游流动的，但潮汐作用使得水流在涨潮时向上游运动。如果潮汐的高平潮时在某处投放一种示踪剂，然后以以后每个高平潮时测量示踪剂的浓度，就可以得到如图 3.17 所示的示踪剂浓度随潮汐周期的变化图。它说明在充分混合段的一维河口中，纵向弥散是主要的影响因素。

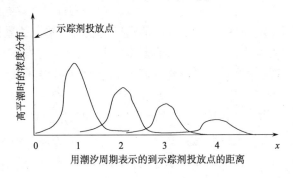

图 3.17　示踪剂浓度随潮汐周期的变化图

如果取污染物浓度的潮周平均值，对于连续稳定排放情况，一维允分混合段的河口水质模型为

$$D_x\frac{\partial^2 C}{\partial x^2} - u_x\frac{\partial C}{\partial x} - K_1 C + S_p = 0 \tag{3-26}$$

式中，S_p 为系统外输入的污染物源强，mg/L。

若 $S_p = 0$，并且假设 $C(0) = C_0$，则上式的解析解如下。

在排放点上游 $(x<0)$：

$$C = C_0\exp\left[\frac{u_x x}{2D_x}\left(1 + \sqrt{1 + \frac{4KD_x}{u_x^2}}\right)\right]$$

在排放点下游 $(x>0)$：

$$C = C_0 \exp\left[\frac{u_x x}{2D_x}\left(1 - \sqrt{1 + \frac{4KD_x}{u_x^2}}\right)\right]$$

C_0 为 $x=0$ 处的污染物浓度，可用下式计算：

$$C_0 = \frac{W}{Q\sqrt{1 + \frac{4KD_x}{u_x^2}}}$$

式中，W 为零点处污染物的排放源强，mg/s；Q 为海水的流量，m³/s。

河口的弥散系数可采用经验公式计算

$$D_x = 63nu_m R^{5/6}$$

式中，n 为曼宁糙率系数；u_m 为最大潮汐速度，m/s；R 为河口的水力半径。

河口弥散系数也可通过投放示踪剂方法估算。可认为 $K=0$，$S=0$，则式 (3-26) 的解析解为

$$\ln\frac{C}{C_0} = \frac{u_x x}{D_x}$$

式中，$x<0$，表示海潮上溯的距离。因此可以得到

$$D_x = \frac{u_x x}{\ln\dfrac{C}{C_0}}$$

D_x 的变化在 $10 \sim 100\text{m}^2/\text{s}$。

2. BOD-DO 耦合模型

对于一维稳态条件，河口的 BOD-DO 耦合模型 (S-P 模型) 为

$$\begin{cases} u_x \dfrac{\partial L}{\partial x} = D_x \dfrac{\partial^2 L}{\partial x^2} - K_1 L \\[3mm] u_x \dfrac{\partial \text{DO}}{\partial x} = D_x \dfrac{\partial^2 \text{DO}}{\partial x^2} - K_1 L + K_2(\text{DO}_f - \text{DO}) \end{cases}$$

可以写作 D 的形式，即 $D = \text{DO}_f - \text{DO}$：

$$\begin{cases} D_x \dfrac{\partial^2 L}{\partial x^2} - u_x \dfrac{\partial L}{\partial x} - (K_1 + K_3)L = 0 \\[3mm] D_x \dfrac{\partial^2 D}{\partial x^2} - u_x \dfrac{\partial D}{\partial x} + K_1 L - K_2 D = 0 \end{cases}$$

其解析解如下。

在排放点上游 $(x<0)$：

$$\begin{cases} L = L_0 \exp\left[\dfrac{u_x x}{2D_x}(1+\alpha_1)\right] \\[3mm] D = \dfrac{K_1 W}{(K_2 - K_1)Q}\left\{\exp\left[\dfrac{u_x x}{2D_x}(1+\alpha_2)\right]\Big/\alpha_2 - \exp\left[\dfrac{u_x x}{2D_x}(1-\alpha_2)\right]\Big/\alpha_2\right\} \end{cases}$$

在排放点下游($x>0$)：

$$\begin{cases} L = L_0 \exp\left[\dfrac{u_x x}{2D_x}(1-\alpha_1)\right] \\ D = \dfrac{K_1 W}{(K_2 - K_1)Q}\left\{\exp\left[\dfrac{u_x x}{2D_x}(1+\alpha_3)\right]\bigg/ \alpha_3 - \exp\left[\dfrac{u_x x}{2D_x}(1-\alpha_3)\right]\bigg/ \alpha_3\right\} \end{cases}$$

其中，$\alpha_3 = \sqrt{1 + \dfrac{4K_2 D_x}{u_x^2}}$，$\alpha_2 = \sqrt{1 + \dfrac{4K_1 D_x}{u_x^2}}$，$\alpha_1 = \sqrt{1 + \dfrac{4(K_1 + K_3)D_x}{u_x^2}}$，其余符号同前。

3.5　基于 FLUENT 软件的河流突发性污染物三维水质模拟

3.5.1　背景

突发性水污染事件对生态环境和人类社会都存在着巨大的危害。近年来，我国水污染事件频发，给生态环境和社会经济都造成了巨大的威胁。因此，模拟和评估突发性水污染事件对河流水质的影响，为突发性水污染事件的应急决策提供技术支持是十分必要的。本书以浙江省某河流为研究对象，利用 FLUENT 软件建立三维水质模型，研究当河流上游发生突发性事件(如化学品装载车发生侧翻)时，泄漏污染物在河流中的扩散情况及对河流水质的影响。该河流的地理位置见图 3.18，图中 j2、j6、j9、…为河道的几何测量横断面，模型通过对河道断面测量数据进行插值，可得到河床的三维几何结构。污染物选择常温下质量分数为 16%的硫酸铵溶液，流动介质视为普通河水，河水中选定污染物的本底浓度假设为 0mg/L。环境介质河水及 16%硫酸铵溶液的物理性质需在 FLUENT 模型的材料属性中进行设定。

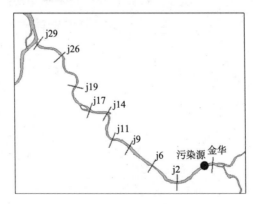

图 3.18　浙江省某河流地理位置图

3.5.2　利用 GAMBIT 软件构建河道几何模型

1. 河道几何数据收集和处理

现以图 3.18 中金华断面的上端点为坐标原点，向东方向(向右)为 x 轴正方向，向北方向(向上)为 y 轴正方向建立坐标系。同时，利用 MapInfo 软件获取了图 3.18 中该河道各断面的测量点坐标 (x, y, z)，将获得的平面坐标和高程数据保存在文件 position.dat 中，数据格式如表 3.4 所示(仅列出了部分数据)，放入 GAMBIT 工作文件夹中。

表 3.4　金华江河床采样点坐标数据　　　　(单位：m)

点编号	x 坐标	y 坐标	z 坐标	点编号	x 坐标	y 坐标	z 坐标
1	0	0	39.71	34	−3373.92	−1954.23	37.27
2	−3.04	−38.98	29.20	35	−3403.45	−1772.10	37.25
3	−6.88	−88.03	29.20	36	−3403.84	−1780.49	33.15
4	−8.30	−106.28	29.10	37	−3404.92	−1803.77	30.96
5	−10.27	−131.50	30.60	38	−3405.07	−1806.96	30.00
6	−10.99	−140.67	30.64	39	−3406.43	−1836.43	29.80
7	−12.30	−157.42	30.62	40	−3408.21	−1874.89	29.70
8	−14.06	−179.95	30.75	41	−3409.98	−1913.05	29.80
9	−16.04	−205.27	30.85	42	−3411.66	−1949.31	37.25
10	−16.66	−213.25	39.71	43	−3577.39	−1754.05	37.21

2. 创建求解域

1)导入坐标数据

启动 GAMBIT 软件，在左上角菜单栏依次点击【File】→【Import】→【ICEM Input】，弹出 Import ICEM Input File 选项卡，点击 File Name 右侧的【Browse...】按钮，弹出【Select File】对话框，在 Directories 目录下选中 GAMBIT 工作文件夹，在右侧的 Files 目录下就会出现刚才放入的 position.dat 文件，选中它，然后点击【Accept】，回到【Import ICEM Input File】对话框，在 Geometry to Create 下点选【Vertices(导入点)】，点击【Accept】完成导入。

2)生成河岸轮廓

将导入的河岸测量点连接成河岸的轮廓。依次点击 Operation ▨ →Geometry ▢ →Edge ▭ ，右键 ▭ ，在下拉选项中选择 ◠ NURBS 。然后按住 shift 键，用鼠标左键自左向右依次点选河流北岸的点，点击【Apply】完成。对于河流南岸的点、断面上的点重复上述操作。然后右键 ▭ ，在下拉选项中选择 — Straight ，按住 shift 键，用鼠标左键依次点选图中最东侧的两个点(河流入口水面)，点击【Apply】完成操作，这样就得到了河流的水面。用同样的方法得到河流出口的水面。接着需要将得到的轮廓线组合成平面。依次点击 Operation ▨ →Geometry ▢ →Face ▢ ，右键 ▢ ，在下拉选项中选择 ▨ Net Surface 。此时在下方会出现【Create Net Surface Face】对话框，在 U Dir. Edge 的编辑框中选中河流北岸和南岸的轮廓线，在 V Dir. Edge 后的编辑框中选中河流入口和出口，

然后点击【Apply】。由上述选中的四条曲线围成了一个封闭平面，点击【Apply】即可得到该平面(即金华江水面)。用同样的方法得到金华江入口平面、出口平面、河床曲面。

最后，将原先导入的坐标点删除。依次点击 Operation ▣ →Geometry ▣ →Vertex ✎ ，在 Vertices 后的编辑框中选中所有的点，再点击【Apply】删除即可。

3) 创建污染源

假定污染源是一个直径 2m 的圆管，位于金华断面距离坐标原点 10 m 处，排放的污染物质假设为质量分数 16% 的硫酸铵溶液。依次点击 Operation ▣ →Geometry ▣ →Volume ▣ ，创建一个下底面中心为原点，半径为 1m，高为 10m，朝向 x 轴正方向的圆柱体，然后依次点击 Operation ▣ →Geometry ▣ →Volume ▣ ，将该圆柱体按向量(−5，−25，−37.5)移动至指定位置。之后用该圆柱体在河流入口处截出一个圆孔，最后删除该圆柱体。

4) 区域划分

由于河流形状较为复杂，为了提高网格质量，需将河流划分为若干子区域。

3. 网格划分

依次点击 Operation ▣ →Mesh ▣ →Face ▣ ，在下方出现【Mesh Faces】对话框。Volume 选择"区域 1"，网格类型选择"Hex/Wedge"，网格大小设定为 2m，点击【Apply】完成对区域 1 的网格划分，重复上述操作完成对其他区域的网格划分。网格划分完成后还需对网格质量进行检查。

4. 边界定义

本模型中需要定义的边界条件如表 3.5 所示。依次点击 Operation ▣ →Zones ▣ ，弹出【Specify Boundary Types】对话框，完成边界定义即可。

表 3.5　模型中要定义的边界条件表

模型中的位置	命名	边界条件类型
河流入口	water_inlet	VELOCITY_INLET
河流入口平面小孔(排污管)	pollutant_inlet	VELOCITY_INLET
河流出口	water_outlet	OUTFLOW
河流上表面(水面)	water_surface	SYMMETRY

5. 输出网格文件

依次点击左上角工具栏【File】→【Export】→【Mesh】，弹出【Export Mesh File】对话框。在 File Name 后的编辑框中将文件重命名为"river.msh"，点击【Apply】生成网格文件。

3.5.3　FLUENT 求解计算

1. 开启 FLUENT 软件并导入模型

双击 FLUENT，弹出对话框中的 Versions 下选择"3D"（三维单精度求解器），运行 FLUENT。点击【File】→【Read】→【Case】，选择刚才生成的网格文件"river.msh"，点击【OK】导入。

2. 定义求解模型

1）定义求解器

首先对模型计算的求解器进行定义，依次点击【Define】→【Models】→【Solver】，打开【Solver】对话框。本例模拟的突发性污染事件是个非稳态过程，在【Solver】对话框 Time 下点选"Unsteady"，即非稳态，保持其他默认设定，点击【OK】完成。

2）定义湍流模型

依次点击【Define】→【Models】→【Viscous】，弹出【Viscous Model】对话框。本模型的计算选择的 Model 为 k-epsilon 模型，k-epsilon Model 下选择"Standard"模型即可。保持其他默认设置，点击【OK】完成设置。

3）定义组分输运模型

本案例为污染物与河水两种液体的混合流动，需要定义组分输运模型。依次点击【Define】→【Models】→【Species】→【Transport&Reaction】，弹出【Species Model】对话框，选择 Model 为"Species Transport"。在 Mixture Material 的下选框中选择"mixture-template"，保持其他默认设置，点击【OK】完成设置。此时会弹出【Information】对话框，提示在定义组分输运模型后需要重新定义流体的组成。

4）定义流体

接下来定义环境介质材料，即河水及硫酸铵溶液。依次点击【Define】→【Materials】，弹出【Materials】对话框。点击【Materials】对话框右侧的【User-Defined Database..】，弹出【Open Database】对话框。将数据文件命名为"river"，点击【OK】创建数据文件。之后弹出【User-Defined Database Materials】对话框。可以看到此时 User-Defined Fluid Materials 下还没有任何已定义的介质，点击下方的【New...】，弹出【Materials Properties】对话框。先来定义硫酸铵溶液。在【Materials Properties】对话框中，Name 下的编辑框将介质名命名为"(nh4)2so4"，Type 选择"fluid"，即液体，在 Available Properties 下找到 Cp[Specific Heat]（比热）、Density（密度）、Heat of Combustion（热传导系数）、Viscosity（黏度）这四个物理性质，将其移动到右侧 Materials Properties 下的编辑框中。然后，选中 Materials Properties 下的编辑框中的"Cp[Specific Heat]"属性，点击下方的【Edit...】按钮，弹出【Edit Property Methods】对话框。将 Available Properties 下的 constant 移动到右边编辑框中，即 Cp 的值为常数。在 Edit Properties 下的编辑框中输入 Cp 属性的具体数值（表 3.6），然后点击【OK】完成。回到【Materials Properties】对话框，对于剩下的 Density、Heat of Combustion、Viscosity 属性，用同样的方法完成设置即可。

表 3.6　河水及 16%硫酸铵溶液的物理性质

材料	密度 ρ/(kg/m³)	比热容 Cp/(J/kg)	热传导系数 λ/[w/(m²·k)]	黏度 μ/(kg/m)
河水	988	4182	0.6	0.001
16%硫酸铵溶液	1110	3890	0.5	0.002

全部完成后点击【Materials Properties】对话框最下方的【OK】按钮创建该材料，用同样的方法创建河水，命名为"riverwater"。最后回到【User-Defined Database Materials】对话框，在 User-Defined Fluid Materials 下分别选中刚才创建的"nh42so4"和"riverwater"，点击对话框下方的【Save】按钮保存，然后点击【Copy】按钮将这两种介质导入当前项目中。最后，点击【Close】关闭对话框。回到【Materials】对话框，Material 的下拉选项选择"mixture"。在 Properties 下找到 Mixture Species 属性，点击其右侧的【Edit...】按钮，弹出【Species】对话框。将 Selected Species 下的编辑框中的介质组成改为 nh42so4 和 Riverwater，即河流内的流体为硫酸铵溶液和河水，其他不考虑。点击【OK】完成。再次回到【Materials】对话框，点击最下方的【Change/Create】按钮完成设置。

5）编写 UDF 函数

假设当事件发生时，污染源以 2m/s 的速度向河流泄漏污染物质，持续 15min（900s）后停止泄漏。实现这个过程，必须要用到 FLUENT 的 UDF（User-DefinedFunctions，用户自定义函数）。新建一个 txt 文档，输入如下代码，并将文件保存为"inlet_velocity.c"，放在 FLUENT 工作文件夹下。

```
1   #include "udf.h"
2   DEFINE_PROFILE(inlet_velocity,thread,position)
3   {
4       face_t f;
5       begin_f_loop(f,thread)
6       {
7           real t=RP_Get_Real("flow-time");
8           if(t<600)
9               F_PROFILE(f,thread,position)=0;
10          else if(t<1500)
11              F_PROFILE(f,thread,position)=2;
12          else
13              F_PROFILE(f,thread,position)=0;
14      }
15      end_f_loop(f,thread)
16  }
```

对 UDF 函数代码解释如下。

第 1 行：#include "udf.h"。用户在编写 UDF 的源代码时，文件开头必须包含 "udf.h"

头文件，如果没有，用户将无法使用 FLUENT 提供的宏和函数。

第 2 行：DEFINE_PROFILE（inlet_velocity,thread,position）。DEFINE_PROFILE 是 FLUENT 提供的一个用于定义边界分布函数的宏，它的三个输入参数说明如表 3.7 所示。

表 3.7　UDF 函数变量说明表

变量名称	变量说明
inlet_velocity	字符串变量。用于定义 UDF 的函数名称，由用户定义。经过解释或编辑后，用户可在设置边界条件的对话框中看到这个名字
thread	线程指针变量 thread*。当用户将 UDF 与相应的边界链接后，所对应的边界的线程将自动赋给该变量，然后通过面循环宏对该线程所包含的所有面进行循环并分别赋值
position	整数变量。用来表示所定义的变量类型，如速度、温度、压力等

第 4 行：face_t f。定义面变量 f，face_t 是一种整数数据类型，用于识别一个面线程中的特定面。

第 5~15 行：对定义的边界线程中的所有面进行循环赋值。

第 7 行：获取当前的模拟时间并赋值给变量 t。

第 10 行：模拟至 10min 时突发事件发生，污染物开始泄漏。

第 11 行：F_PROFILE（f,thread,position）=2。通过 FLUENT 提供的宏 F_PROFILE 对定义的特定面 f 进行赋值。F_PROFILE 宏包括三个参数，后两个参数与 DEFINE_PROFILE 宏的后两个参数相同，分别表示指定边界的面线程和所设置的变量类型。

生成 "inlet_velocity.c" 文件后还要对其进行解释或编译。依次点击【Define】→【User-Defined】→【Function】→【Interpreted...】，打开【Interpreted UDFs】对话框，点击【Browse...】按钮，将刚才生成的 "inlet_velocity.c" 文件导入，点击【Interpret】按钮，对 "inlet_velocity.c" 文件进行解释。

6）设置重力

依次点击【Define】→【Operation Conditions】，弹出【Operation Conditions】对话框。本模型中重力加速度沿 z 轴负方向，大小取 9.8m/s²。则点选【Operation Conditions】对话框右侧的【Gravity】，下方 Z 方向重力加速度输入 9.8 m/s²。点击【OK】完成设置。

7）定义边界条件

依次点击【Define】→【Boundary Conditions】，打开【Boundary Conditions】对话框，如图 3.19 所示。选中河流入口 "water_inlet"，点击【Set...】，弹出【Velocity Inlet】对话框（图 3.20）。选择【Momentum】选项卡，在【Velocity Magnitude】（入口的速度大小）输入 2m/s，即河水以 2m/s 流入，Turbulence（湍流设置）的【Specification Method】下选择 "Intensity and Hydraulic Diameter"，设置湍流强度为 10%，水力直径为 55m。再选择 Species 选项卡，在 riverwater 后的编辑框中输入 1，表示混合物中河水所占的百分比为 1，即入口处流入的全为河水。完成后点击【OK】。回到【Boundary Conditions】对话框，选中污染物入口 "pollutant_inlet"，点击【Set...】，弹出【Velocity Inlet】对话框。选择 Momentum 选项卡，在 Velocity Magnitude 的下拉选项中选择刚才编译的

inlet_velocity 文件，并设置湍流强度为 10%，水力直径为 2m。Species 选项卡下设置河水的百分比为 0，即全为硫酸铵溶液。完成后点击【OK】。最后关闭【Boundary Conditions】对话框。

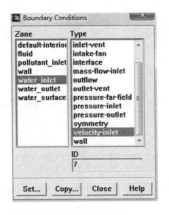

图 3.19　【Boundary Conditions】对话框　　　　　图 3.20　【Velocity Inlet】对话框

8) 设置浓度监测点

监测河流中污染物浓度随时间的变化，需要设置若干监测点。首先依次点击【Display】→【Mouse Buttons...】，在弹出的【Mouse Buttons】对话框中，将 Probe 选项设置为"on"，因为后续选点过程中需要用到 Mouse-Probe 的操作，此处需先将它开启。之后点击【OK】关闭对话框。依次点击【Display】→【Grid...】，打开求解域网格划分图。不关闭该对话框，同时依次点击【Surface】→【Point...】，弹出【Point Surface】对话框。点击【Select Point with Mouse】，鼠标右键在求解域网格划分图中点选要监测的点，此时会发现图中出现一个小圆圈标注出关注点，且在【Point Surface】对话框中 Coordinates 下的横纵坐标已变成了选择的点。在【Point Surface】对话框下，将该点命名为"point1^{-1}"，点击【Create】创建该点。重复以上操作完成监控点的选取。案例中选取的监控点情况如表 3.8 所示。

表 3.8　监控点情况表

监控点编号	监控点位置	监控点坐标
point1-1	上游靠河流北岸	(-305,-47,34)
point1-2	上游河流中央	(-305,-120,34)
point1-3	上游靠河流南岸	(-304,-207,34)
point2-1	中游靠河流北岸	(-2824,-1703,32)
point2-2	中游河流中央	(-2820,-1768,32)
point2-3	中游靠河流南岸	(-2813,-1832,32)
point3-1	下游靠河流北岸	(-5318,-534,30)
point3-2	下游河流中央	(-5310,-589,30)
point3-3	下游靠河流南岸	(-5304,-670,30)

　　监测点创建完成后,要对其进行定义。依次点击【Solve】→【Monitors】→【Surface...】,弹出【Surface Monitors】对话框,如图 3.21 所示。Surface Monitors 后的编辑框中输入"9"(因为要定义 9 个点)。对于 monitor-1,勾选【Write】,即将该点监测到的数据输出,点击最右侧的【Define...】,弹出【Define Surface Monitors】对话框,如图 3.22 所示。Report of 第一个下拉选框选择"Species",第二个下拉选框选择"Mass fraction of oil",即输出为混合物中污染物质的质量分数。Report Type 的下拉选框选择"Vertex Average"。X Axis 的下拉选框选择"Flow Time"。Surface 下选择刚才定义的点"point1-1",File Name 下的编辑框中将输出文件命名为"point1-1.out",点击【OK】完成设置。用同样的方法完成剩余 8 个监测点的设置。全部设置好后点击【Surface Monitors】对话框下的【OK】完成。

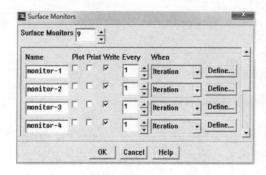

图 3.21　【Surface Monitors】对话框　　　　图 3.22　【Define Surface Monitors】对话框

3. 计算求解

　　(1)设置求解参数。依次点击【Solve】→【Controls】→【Solution】,保持所有默认设置,点击【OK】即可。

　　(2)数据初始化。依次点击【Solve】→【Initialize】→【Initialize】,弹出【Solution Initialization】对话框。在 Compute From 的下拉菜单选择"all-zones",Initial Values 下 X Velocity 输入-2,riverwater 输入 1,即开始时整个计算区域全为河水。点击【Init】完成初始化,点击【Close】关闭对话框。

　　(3)设置残差图。依次点击【Solve】→【Monitors】→【Residual】,弹出【Residual Monitors】对话框。在 Options 下勾选"Plot",即显示残差图,并把下方的残差收敛标准都改为 0.0001,点击【OK】。

　　(4)迭代计算。点击【Solve】→【Iterate】,点击【Solve】→【Iterate】,弹出【Iterate】对话框。设置 Time Step Size(时间步长)为 5s,Number of Time Steps(时间步数)设置为 1500,Max Iterations per Time Step(每个时间步长的最大迭代步数)设置为 200。最后点击【Iterate】开始迭代计算。

3.5.4　计算结果分析

改变河水流速为 3m/s、4m/s，其他条件不变，重复计算后绘制不同流速下各个观测点的氨氮浓度变化曲线，如图 3.23~图 3.25 所示。

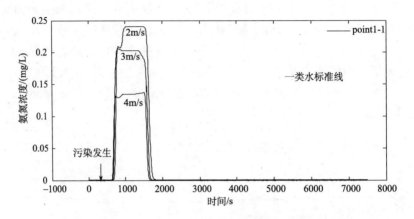

图 3.23　上游监测点在不同速度下的氨氮含量变化曲线

由图 3.23~图 3.25 可知，河水流速变大时，污染物到达监测点的时间缩短，影响时间和污染物浓度峰值都会有所减小。对于中游和下游的观测点，流速对污染物到达时间和影响时间的影响较为明显。随着河水流速的增大，污染物到达时间明显提前，影响时间缩短，氨氮浓度峰值下降较大。例如，point3-3 监测点在流速为 2m/s 和 4m/s 的情况下，污染物到达时间从污染发生后的 4900s 提前到 2000s；影响时间从 2500s 缩短到 1800s，缩短了 28%；氨氮浓度峰值从 1.39mg/L 下降到 0.71mg/L，下降了 49%，流速的增大使该点受影响的程度大大减小。

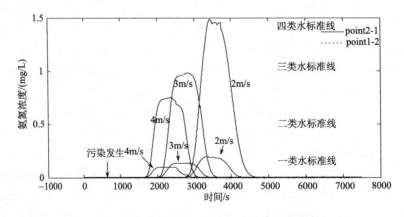

图 3.24　中游监测点在不同速度下的氨氮含量变化曲线

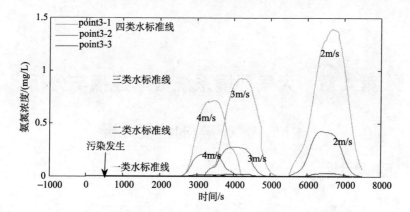

图 3.25　下游监测点在不同速度下的氨氮含量变化曲线

第4章 大气环境系统数学建模与分析

4.1 大气污染的特征分析

4.1.1 大气污染源分析

1. 污染源分类

(1)按照污染物排放的几何形态,可分为点源、线源、面源和体源。点源是指通过某种装置集中排放的固定点状源,如烟囱、集气筒等。点源又分为高架点源和非高架点源,我国规定凡不经过排气筒的废气排放及排放高度低于 15m 的排气筒排放均为非高架点源。高架点源一般都属于有组织排放。线源是指污染物呈线状排放或者由移动源构成线状排放的源,如交通频繁的铁路、公路及街道。面源是指在一定区域范围内,以低矮密集的方式自地面或近地面的高度排放污染物的源,如工艺过程中的无组织排放,居民区的家庭排烟、商业区的排烟。体源是指源本身或附近建筑物的空气动力学作用使污染物呈一定体积向大气排放的源,如焦炉炉体、屋顶天窗等。

(2)按照污染物排放的时间,可分为连续源、间断源和瞬时源。连续源是指污染物连续排放,如工厂的排气筒等;间断源是指污染物排放时断时续,如取暖锅炉和间歇性生产的废气排放;瞬时源是指排放时间短的污染源,如爆炸事故导致的污物物排放。

(3)按照污染源存在形态,可分为固定源和移动源。固定源指的是位置固定的污染源,如工业企业烟囱的排烟排气;移动源是指位置可以移动且移动过程中排放污染物的污染源,如汽车尾气排放。

(4)按照污染物产生的来源,可分为工业污染源、生活污染源。工业污染源包括燃料燃烧排放的污染物、生产过程中的排气等;生活污染源主要为家庭炉灶排气。

2. 大气污染物

大气污染物种类较多,按照污染物的化学特性可分为无机气态物、有机化合物和颗粒物。无机气态物主要包括硫氧化物、氮氧化物、一氧化碳、二氧化碳、臭氧、氨、氯化物和氟化物等。有机化合物主要包括烃类化合物、醇类、醛类、酯类、酮类等。颗粒物主要包括固态颗粒物、液态颗粒物和生物颗粒物。固态颗粒物包括燃烧产生的烟尘、工业生产过程中产生的粉尘和扬尘、强风吹起的沙尘等,扬尘又可以分为一次扬尘和二次扬尘。颗粒物的分类见图 4.1,固态颗粒物的分类见图 4.2。

目前环境空气比较关注的污染物是粉尘、二氧化硫、氮氧化物和一氧化碳等,我国《环境空气质量标准》(GB3095—2012)中所列污染物有二氧化硫、二氧化氮、一氧化氮、臭氧、可吸入颗粒物(PM10)、细颗粒物(PM2.5)、总悬浮颗粒物(total suspended particulate, TSP)、氮氧化物、铅、苯并[a]芘等。大气质量预测和大气污染控制规划中,

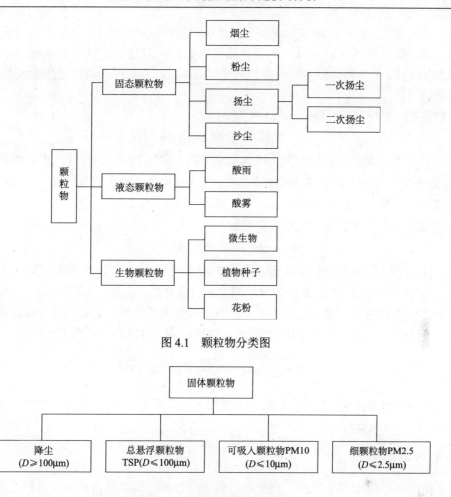

图 4.1 颗粒物分类图

图 4.2 固体颗粒物分类图

二氧化硫和粉尘是主要的研究对象。工业污染源排放的污染物种类较多，我国《大气污染物综合排放标准》中列有二氧化硫、氮氧化物、颗粒物、盐酸、铬酸雾、硫酸雾、氟化物、氯气等几十种污染物。不同行业则关注行业特征性污染物，如火电厂将烟尘、二氧化硫、氮氧化物作为控制污染物，而机械化炼焦工业将颗粒物、苯可溶物和苯并[a]芘作为控制污染物。汽车尾气引人关注的污染物是一氧化碳、烃类化合物和氮氧化物。

3. 污染源源强

源强是研究大气污染的基础数据，其意义就是污染物的排放速率。对于瞬时点源，源强就是点源一次排放的污染物总量(kg 或 t)；对于连续点源，源强就是点源在单位时间里的污染物排放量(kg/h 或 t/h)；对于线源，源强一般是单位时间单位长度污染物的排放量[kg/(h·m)]；面源源强就是单位时间单位面积污染物的排放量[kg/(h·m²)]。预测源强的一般模型为

$$Q_i = K_i W_i (1 - \eta_i) \tag{4-1}$$

式中，Q_i 为源强，瞬时点源以 kg 或 t 计，连续稳定排放点源以 kg/h 或 t/h 计；W_i 为燃料的消耗量，固体燃料以 kg 或 t 计，液体燃料以 L 计，对气体燃料以 1000m³ 计，时间单位以 h 或 d 计；η_i 为净化设备对污染物的去除效率；K_i 为某种污染物的排放因子；i 为污染物的编号。

燃煤的二氧化硫排放源强一般预测模型为

$$Q_{SO_2} = 2WSD(1-\eta) \tag{4-2}$$

式中，Q_{SO_2} 为二氧化硫排放源强，连续稳定排放点源以 kg/h 或 t/h 计；W 为燃煤量，以 kg/h 或 t/h 计；η 为二氧化硫去除效率，%；S 为煤中的全硫分含量，%；D 为可燃硫占全硫量的百分比，一般可取 80%。

燃煤的烟尘排放源强一般预测模型为

$$Q_{尘} = WAB(1-\eta) \tag{4-3}$$

式中，$Q_{尘}$ 为烟尘排放源强，连续稳定排放点源以 kg/h 或 t/h 计；W 为燃煤量，以 kg/h 或 t/h 计；A 为煤的灰分，%；B 为烟气中烟尘的质量分数；η 为烟尘去除效率，%。

汽车尾气源强与车型、燃料类型、行驶工况等关系密切，通常用综合排放因子描述特定行车条件下汽车尾气的平均源强，然后根据车流量组成计算道路上汽车尾气总源强：

$$Q = \sum_{i=1}^{n} N_i E_i / 3600000 \, [\text{g}/(\text{m} \cdot \text{s})] \tag{4-4}$$

式中，n 为道路上汽车类型总数；N_i 为类型汽车的车流量，辆/h；E_i 为 i 类型汽车尾气的综合排放因子，g/km。

4. 污染物排放因子

在污染源源强计算公式中，污染物排放因子的确定是非常重要的。各种污染物排放因子受燃烧方式和燃烧条件的影响很大。例如，燃煤锅炉排烟中粉尘占总量的比例，链条炉产生的飘尘占到煤中灰分的 10%~25%，而煤粉炉的这个数字可以高达 75%~80%。

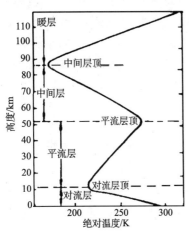

图 4.3　大气层温度垂直分布

4.1.2　大气的垂直分层及边界层

1. 大气的垂直分层

常将随地球引力而旋转的大气层称为大气圈，由地表面向外空间气体越来越稀薄，大气圈厚度很难确切地划定，一般以地球表面到 2000~3000km 的大气层作为大气圈的厚度。大气层垂直结构指的是气象要素的垂直分布情况，如气温、气压、大气密度和大气组分的垂直分布。按照大气温度的垂向分布，将大气圈由地表向外依次分为对流层、平流层、中间层和暖层，如图 4.3 所示。

（1）对流层。对流层是最接近地面的一层大气，该层大气的主要特点是有比较强烈的铅直混合。大气的温度是向上递减的，平均每升高 100m，大气温度降低 0.65℃。对流层厚度比其他层小得多，但它却集中了大气质量的 3/4 和全部的水分。云、雾、雨、雪等主要天气现象都发生在这一层，是对人类生产和生活影响最大的一层，污染物的迁移扩散和稀释转化也主要在这一层进行。

(2)平流层。对流层上面是平流层，厚度约 38km。由于阳光自上而下加热，温度随高度的增加而上升，并且相对保持稳定。

(3)中间层。平流层上面为中间层，厚度约 35km。该层气温又随高度的增加而下降，最低可降至约–83℃。该层几乎没有水蒸气和尘埃，气流平稳，透明度好，狂风暴雨现象极少。

(4)暖层。最顶层为暖层，厚度约 630km。因其中的原子氧吸收太阳能使温度急剧上升。暖层之上就是外大气层，空气极为稀薄。

2. 边界层/摩擦层

对流层与地球表面接触的大气部分，直接受到地面摩擦力的影响，其厚度(1~2km)比整个大气层小得多，气流具有边界层的性质，也称为大气边界层。大气边界层内部的风向、风速和气温随着高度而变化，空气的运动表现为湍流的形式。摩擦层/边界层又可以分为上、下部摩擦层。

(1)下部摩擦层/近地层。下部摩擦层为大气边界层中从地表到 50~100m 的部分。该层受地表面影响大，大气湍流十分强烈，热量和动量的铅直通量随高度变化很小，可近似为常数。如果忽略地球自转的影响，则平均风向在高度上的变化也可忽略不计。

(2)上部摩擦层。上部摩擦层为近地层以上的摩擦层。上部摩擦层的湍流强度逐渐减弱(受地面影响逐渐减小)，该层由于地球自转影响与地面摩擦力影响相比已经不能忽略，因此该层的风向随高度变化十分明显。

边界层的上述特性对大气污染物的扩散迁移影响很大。几乎所有情况的污染物扩散都是在大气边界层内部进行的，因此充分认识其结构对大气污染物的模拟和预测是十分必要的。

4.1.3 大气污染物扩散过程

1. 大气污染物输送扩散的气象要素

影响大气污染物输送和扩散的主要因素有污染源条件和气象要素，而气象要素是指空气的流动特征，即风和湍流。

1)风

气象上将空气质点的水平运动称为风，大气的水平运动是作用在大气上的各种力的总效应。作用于大气上的力，包括：①气压分布不均匀而产生的水平气压梯度力，是大气水平运动的原动力；②地球相对于大气的旋转效应而产生的地转偏向力(科里奥利力)；③大气层之间、大气层与地面间存在相对运动而产生的摩擦力；④大气在做曲线运动时受到的惯性离心力。其中，水平气压梯度力是使大气产生运动的直接动力，而其他三个力是在大气开始运动以后才产生并起作用的。

2）湍流

大气湍流是一种不规则的运动，由若干大大小小的涡旋或湍涡构成。大气湍流与一般工程遇到的湍流有明显的不同，大气的流动湍涡基本不受限制，特征尺度很大，只要很小的平均风速就可以达到湍流状态。大气湍流的形成与发展取决于两个因素：一个是机械或动力因素形成的机械湍流，如近地面空气与静止地面的相对运动或大气流经地表障碍物时引起风向和风速的突然改变而形成的机械湍流；另一个是热力因素形成的热力湍流。地球表面受热不均匀，或大气层结不稳定使大气的垂直运动发生或发展而造成热力湍流。一般情况下，大气湍流的强弱既取决于热力因子，又取决于动力因子，是两者综合的结果。

3）大气稳定度

大气稳定度是指大气在铅直方向上的稳定程度，即是否易于产生对流。污染物在大气中的扩散与大气稳定度关系密切。如果气团在外力作用下产生了向上或向下的运动，当外力去除后，气团就逐渐减速并有返回原来高度的趋势，就称这时的大气是稳定的；当外力去除后，气团继续运动，这时的大气是不稳定的；如果气团处于随遇平衡状态，则称大气处于中性稳定度。大气稳定度是影响污染物在大气中扩散的极重要因素，大气处在不稳定状态时湍流强烈，烟气迅速扩散；大气处在稳定状态时出现逆温层，烟气不易扩散，污染物聚集地面，极易形成严重污染。在大气环境质量模型中，受到大气稳定度直接影响的计算参数是大气扩散参数 σ_y、σ_z 和混合高度 h。

目前，用于大气稳定度分类的主要方法是帕斯奎尔（Pasquill）法和特纳尔（Turner）法等。这里主要介绍《环境影响评价技术导则　大气环境》（HJ/T 2.2—1993）中大气稳定度等级的确定方法，即帕斯奎尔稳定度分级法（简记 P.S）。该方法将大气稳定度分为强不稳定、不稳定、弱不稳定、中性、较稳定和稳定六级，它们分别表示为 A、B、C、D、E、F。确定大气稳定度等级时，首先由云量与太阳高度角按表 4.1 查出太阳辐射等级数，然后由太阳辐射等级数与地面风速按表 4.2 查找稳定度等级。

表 4.1　太阳辐射等级

云量，1/10	太阳辐射等级数				
总云量/低云量	夜间	$h_0 \leqslant 15°$	$15° < h_0 \leqslant 35°$	$35° < h_0 \leqslant 65°$	$h_0 > 65°$
$\leqslant 4/\leqslant 4$	−2	−1	+1	+2	+3
$5 \sim 7/\leqslant 4$	−1	0	+1	+2	+3
$\geqslant 8/\leqslant 4$	−1	0	0	+1	+1
$\geqslant 5/5 \sim 7$	0	0	0	0	+1
$\geqslant 8/\geqslant 8$	0	0	0	0	0

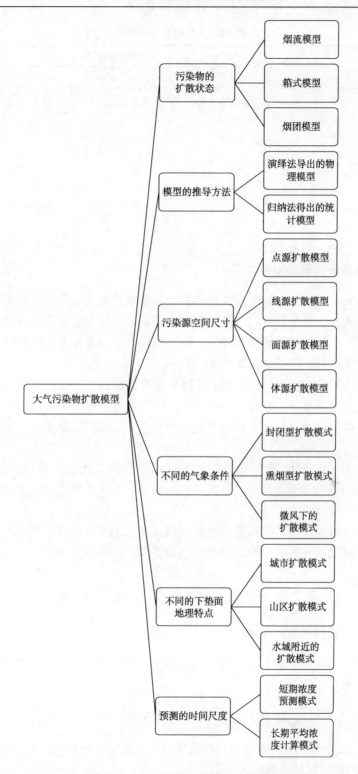

图 4.4　大气污染物扩散模型分类图

表 4.2　大气稳定度的等级

地面风速/(m/s)	太阳辐射等级					
	+3	+2	+1	0	−1	-2
≤1.9	A	A～B	B	D	E	F
2～2,9	A～B	B	C	D	E	F
3～4.9	B	B～C	C	D	D	E
5～5.9	C	C～D	D	D	D	D
≥6	D	D	D	D	D	D

注：地面风速(m/s)指距地面 10m 高度处 10min 平均风速，如使用气象台(站)资料，其观测规则与中国气象局编订的《地面气象观测规范》相同。

2. 大气污染物扩散模型分类

大气污染物在空气中的运动方式极为复杂，影响其浓度变化的因素非常多，因而针对不同的地理条件、气象条件、污染源状况、预测的时间尺度与空间范围，需要用到不同的预测模型，也根据不同的研究目的、研究对象、气象条件及地理特征等选用不同的模型。大气污染物扩散模型分类如图 4.4 所示。

按照污染物扩散的状态，代表性的扩散模型有烟流模型、烟团模型和箱式模型。

按照模型的推导方法，有通过演绎法导出的物理模型和归纳法得出的统计模型。

按照污染源的空间尺寸，可分为点源扩散模型、线源扩散模型、面源扩散模型和体源扩散模型。

根据不同的气象条件，有封闭型扩散模式、熏烟型扩散模式、微风下的扩散模式等。

根据不同的下垫面地理特点，有城市扩散模式、山区扩散模式和水域附近的扩散模式等。

按照预测的时间尺度，有短期浓度预测模式和长期平均浓度计算模式。

可根据不同的研究目的、研究对象、气象条件及地理特征等选用不同的模型。

4.2　大气污染物高架点源扩散模型

4.2.1　高架点源扩散模型的基础

污染物在大气中的迁移扩散一般呈三维运动，基于湍流扩散的梯度理论，可得到它的基本运动方程

$$\frac{\partial C}{\partial t} = E_{t,x} \frac{\partial^2 C}{\partial x^2} + E_{t,y} \frac{\partial^2 C}{\partial y^2} + E_{t,z} \frac{\partial^2 C}{\partial z^2} - u_x \frac{\partial C}{\partial x} - u_y \frac{\partial C}{\partial y} - u_z \frac{\partial C}{\partial z} - KC \tag{4-5}$$

式中，u_x、u_y、u_z 分别为 x、y、z 方向的流速分量，取时间平均值；$E_{t,x}$、$E_{t,y}$、$E_{t,z}$ 分别为 x、y、z 方向的湍流扩散系数。

若 x 轴与平均风向一致，则在均匀流场中，u_z=0，u_y=0，将湍流扩散系数视为常数，

污染物自身衰减可忽略，即 $K=0$，得到大气污染物扩散的基本方程为

$$\frac{\partial C}{\partial t} + u_x \frac{\partial C}{\partial x} = E_{t,x} \frac{\partial^2 C}{\partial x^2} + E_{t,y} \frac{\partial^2 C}{\partial y^2} + E_{t,z} \frac{\partial^2 C}{\partial z^2} \tag{4-6}$$

式中，等号左边第一项为污染物浓度随时间的变化率，第二项为沿 x 轴向（与风向平行）的推流输送项，等号右边是 x、y、z 三个方向上的湍流扩散项。在不同的初始条件和边界条件下，定解大气污染物扩散的基本方程可以得到不同气象条件、不同形式排放源所造成的污染物浓度的时空分布公式。式(4-5)和式(4-6)是各种高架点源模型的基础。

1. 一维无边界无风瞬时点源扩散模型

方程的一维（无风，$u_x=0$）形式为

$$\frac{\partial C}{\partial t} = E_{t,x} \frac{\partial^2 C}{\partial x^2}$$

对于瞬时点源，其初始条件和边界条件为

$$t = 0, \quad \begin{cases} x = 0, C \to \infty \\ x \neq 0, C \to 0 \end{cases}$$
$$t > 0, \quad C \to 0, (-\infty < x < \infty)$$

可以解得位于 $x=0$ 处和 $t=0$ 时刻释放的单位源强的瞬时点源，在一维无限范围内的浓度分布 $C(x,t)$ 为

$$C(x,t) = \frac{1}{2(\pi E_{t,x} t)^{1/2}} \exp\left(-\frac{x^2}{4E_{t,x} t}\right)$$

则源强为 Q 的瞬时点源的浓度分布为

$$C(x,t) = \frac{Q}{2(\pi E_{t,x} t)^{1/2}} \exp\left(-\frac{x^2}{4E_{t,x} t}\right)$$

令 $\sigma_x^2 = 2E_{t,x} t$，则上式转变为

$$C(x,t) = \frac{Q}{\sqrt{2\pi}\sigma_x} \exp\left(-\frac{x^2}{2\sigma_x^2}\right) \tag{4-7}$$

数理统计中如果随机变量 x 的概率密度为

$$p(x) = \frac{1}{\sqrt{2\pi}\sigma} \exp\left[-\frac{(x-\mu)^2}{2\sigma^2}\right], (-\infty < x < +\infty, \sigma > 0) \tag{4-8}$$

则称随机变量 x 服从参数为 (μ, σ^2) 的正态分布。其中，μ 为总体平均数，反映随机变量分布的重心位置；σ^2 为总体方差，反映随机变量离散程度；服从正态分布的随机变量 x 的取值落在区间 $(\mu-2\sigma, \mu+2\sigma)$ 内的概率为 95.35%。

通过将式(4-7)与概率密度公式(4-8)做对比，可知 $C(x,t)$ 符合正态分布密度函数的形式，说明一维流场中瞬时点源排放的污染物浓度分布具有一定的正态分布特征。σ_x^2 反映了污染物的分散程度，显然 σ_x^2 与 $E_{t,x}$ 和 t 成正比，因此弥散作用越大，流经的距离越远，污染物也就越分散，污染物浓度的最大值就越小。

2. 三维无边界无风瞬时点源扩散模型

实际上，瞬时点源排放的污染物是在三维空间中扩散的。无风时，可以分别利用式 (4-7) 求出 x、y、z 方向上的浓度的一维分布，然后取三者之积，再乘以源强 Q，即为瞬时点源在三维空间的浓度分布表达式：

$$
\begin{aligned}
C(x,y,z,t) &= C(x,t) \cdot C(y,t) \cdot C(z,t) \\
&= \frac{Q}{\sqrt{2\pi}\sigma_x} \exp\left(-\frac{x^2}{2\sigma_x^2}\right) \cdot \frac{1}{\sqrt{2\pi}\sigma_y} \exp\left(-\frac{y^2}{2\sigma_y^2}\right) \cdot \frac{1}{\sqrt{2\pi}\sigma_z} \exp\left(-\frac{z^2}{2\sigma_z^2}\right) \quad (4\text{-}9) \\
&= \frac{Q}{(2\pi)^{3/2} \sigma_x\sigma_y\sigma_z} \exp\left(-\frac{x^2}{2\sigma_x^2} - \frac{y^2}{2\sigma_y^2} - \frac{z^2}{2\sigma_z^2}\right)
\end{aligned}
$$

式中，$\sigma_x^2 = 2E_{t,x}t$；　　$\sigma_y^2 = 2E_{t,y}t$；　　$\sigma_z^2 = 2E_{t,z}t$。

$C(x, y, z, t)$ 表示在坐标原点 $(0,0,0)$ 处的一个烟团，在 $t=0$ 瞬间排放后，任一时刻 t 时，空间任意一点 (x, y, z) 处的浓度。由上式可以看出，浓度 C 和 Q 成正比，在同一时间内该浓度随着距离的增加的变化规律是指数递减。由于无风输送作用，瞬时烟团只在原点（排放点）处膨胀扩散；所以式(4-9)又称为静止烟团模式。σ_x、σ_y、σ_z 为 x、y、z 方向上浓度分布的标准差，也称为 x、y、z 方向的扩散参数。

3. 三维无边界有风瞬时点源扩散模型

假定有一定常的平均风速为 u_x（x 方向为风向），则根据无风点源的解坐标平移后得到有风点源在任一点的污染物浓度的表达式为

$$
C(x,y,z,t) = \frac{Q}{(2\pi)^{3/2} \sigma_x\sigma_y\sigma_z} \exp\left(-\frac{(x-u_xt)^2}{2\sigma_x^2} - \frac{y^2}{2\sigma_y^2} - \frac{z^2}{2\sigma_z^2}\right) \quad (4\text{-}10)
$$

该式又称为移动烟团模式。

4. 三维无边界有风连续点源扩散模型

若连续点源的源强 Q 为常数，那么，由于污染源一直处于定常排放状态，则扩散过程也可以认为是定常态，即空间某点的浓度 C 不随时间而变化（$\partial C / \partial t = 0$），则浓度 C 只是空间坐标的函数，则扩散方程为

$$
u_x \frac{\partial C}{\partial x} = E_{t,x} \frac{\partial^2 C}{\partial x^2} + E_{t,y} \frac{\partial^2 C}{\partial y^2} + E_{t,z} \frac{\partial^2 C}{\partial z^2}
$$

一般，当风速>1m/s 时，认为在 x 方向上风的推流输送作用引起的物质质量的传递远远超过扩散作用所起的输送传递，即

$$
u_x \frac{\partial C}{\partial x} >> E_{t,x} \frac{\partial^2 C}{\partial x^2}
$$

$$
u_x \frac{\partial C}{\partial x} = E_{t,y} \frac{\partial^2 C}{\partial y^2} + E_{t,z} \frac{\partial^2 C}{\partial z^2}
$$

在上述条件下，有风连续点源排放的浓度分布为

$$C(x,y,z) = \frac{Q}{4\pi x \left(E_{t,y}E_{t,z}\right)^{1/2}} \exp\left[-\frac{u_x}{4x}\left(\frac{y^2}{E_{t,y}} + \frac{z^2}{E_{t,z}}\right)\right]$$

令

$$\sigma_y^2 = 2E_{t,y}t = \frac{2E_{t,y}x}{u_x}; \quad \sigma_z^2 = 2E_{t,z}t = \frac{2E_{t,z}x}{u_x}$$

上式可写作

$$C(x,y,z) = \frac{Q}{2\pi u_x \sigma_y \sigma_z} \exp\left(-\frac{y^2}{2\sigma_y^2} - \frac{z^2}{2\sigma_z^2}\right) \tag{4-11}$$

上式是污染物在无限空间中扩散，不受任何界面限制的假定条件下推导出来的，所以称为无界扩散模式。无界扩散模式表明，连续点源排放的污染物在下风向的 y、z 方向的扩散浓度均为正态分布(对称)，如图 4.5 所示。由图 4.5 可以看出，随着下风距离的增大，σ_y、σ_z 也增加，污染物的水平和铅直扩散范围不断扩大，最高浓度不断降低。表现在图上，就是正态曲线越来越扁而平。

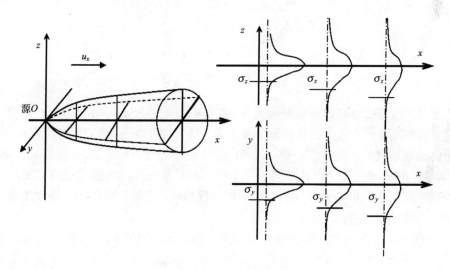

图 4.5　连续点源扩散在各个方向上的污染物浓度分布特征

注意：上面各式是在湍流扩散系数为常数，风速 u_x 与高度无关，湍流场均匀且定常的基本假定基础上得到的。实际上，这种条件大气很难完全符合，实际应用中一般在此基础上作进一步的修正和推导得到新的模式。

【案例 4-1】几种无界扩散模式的对比

同学们课下利用 MATLAB 编制程序，通过图形化的浓度场图直观地对比几种无界扩散模式。

4.2.2　高架连续排放点源模型

实际上，烟气的排放一般是通过烟囱进行的。对于任何气象条件，在开阔平坦的地形上，高烟囱产生的地面污染物浓度比具有相同源强的低烟囱要低。因此，烟囱高度是大气污染控制的主要控制变量之一。烟气离开排出口之后，向下风方向扩散，作为扩散边界，地面起到了反射作用，可以通过引入虚源来模拟地面反射作用，如图 4.6 所示。

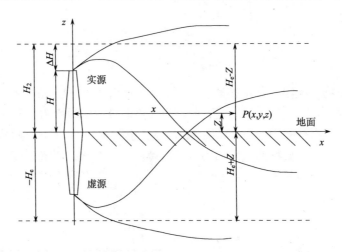

图 4.6　图高架点源排放示意图

下面对高架连续点源的一般解析式(又称为高斯模型，Gauss Model)进行推导。先给出高斯模式的基本假定：①污染物浓度在 y 和 z 方向呈正态分布(双正态假定)，在 x 方向上推流输送远大于湍流扩散，即 $E_{t,x}=0$；②风速是均匀、稳定的，横向、竖向流速可以忽略，即 $u_y=u_z=0$；③平坦地形,全反射(无沉降)；④污染物连续性定常排放，污染物浓度不随时间变化，$\mathrm{d}C/\mathrm{d}t=0$；⑤污染物为保守性物质，在扩散过程中污染物质量是守恒的，源强是连续均匀的。

上述假定条件下的大气扩散模式又称为一般气象条件下的大气扩散模式。它适合于平稳均匀流场，即开阔平坦地形的小尺度扩散(<10km)。其他情况则在此基础上修正获得。

由图 4.6 可知，对于一个有效高度为 H_e 的连续点源，以其地面位置为原点，下风向空间任一点 (x, y, z) 的浓度 $C(\mathrm{mg/m^3})$ 为常规扩散导致的污染物浓度再叠加地面反射的污染物浓度，即扩散浓度与反射浓度之和，也相当于不存在地面时由位置 $(0, 0, H_e)$ 的实源和 $(0, 0, -H_e)$ 的虚源共同作用产生的污染物浓度之和。

(1)实源产生的污染物浓度计算。空间任一点 $P(x, y, z)$ 距烟羽中心线的垂直距离为 $(z-H_e)$，当不考虑地面影响时，参照三维无边界有风连续点源扩散模型式(4-11)，实源产生的污染物浓度为

$$C(x,y,z) = \frac{Q}{2\pi u_x \sigma_y \sigma_z} \exp\left(-\frac{y^2}{2\sigma_y^2} - \frac{(z-H_e)^2}{2\sigma_z^2}\right)$$

(2)虚源产生的污染物浓度计算。空间任一点 $P(x,y,z)$ 距虚源烟羽中心线的垂直距离为 $(z+H_e)$，参照式(4-11)，虚源产生的污染物浓度为

$$C(x,y,z) = \frac{Q}{2\pi u_x \sigma_y \sigma_z} \exp\left(-\frac{y^2}{2\sigma_y^2} - \frac{(z+H_e)^2}{2\sigma_z^2}\right)$$

(3)实源和虚源浓度叠加。P 点的实际污染物浓度为实源扩散浓度和虚源反射浓度贡献之和，即

$$C(x,y,z,H_e) = \frac{Q}{2\pi u_x \sigma_y \sigma_z} \exp\left(-\frac{y^2}{2\sigma_y^2}\right)\left\{\exp\left[-\frac{(z+H_e)^2}{2\sigma_z^2}\right] + \exp\left[-\frac{(z-H_e)^2}{2\sigma_z^2}\right]\right\} \quad (4-12)$$

式(4-12)为高斯模型，Q 为单位时间内污染物质量排放量，mg/s；σ_y、σ_z 为扩散参数；H_e 为烟囱的有效高度，$H_e=H+\Delta H$，即物理高度 H 与抬升高度 ΔH 之和，物理高度是烟囱实体高度；烟气抬升高度是指烟气排出烟囱口之后在动量和热浮力的作用下能够继续上升的高度，这个高度可达数十至上百米，对减轻地面的大气污染有很大作用。

式(4-12)中有三个未知参数需进行计算：排气筒出口处的平均风速 u_x，扩散参数 σ_y 和 σ_z，烟囱的有效高度 H_e。下面给出 u_x、扩散参数 σ_y 和 σ_z 及烟囱有效高度 H_e 的计算方法。

1. 排气筒出口处的平均风速 u_x 计算

u_x 为排气筒出口处的平均风速(m/s)，一般无实测值，可按下式计算

$$u_x = u_{10}\left(\frac{Z}{10}\right)^P \qquad u_2 = u_1\left(\frac{Z_2}{Z_1}\right)^P \qquad (4-13)$$

式中，u_x 和 u_{10} 分别为距地面 Z(m)和 10m 处的平均风速，m/s；u_1 和 u_2 分别为距地面 Z_1 和 Z_2(m)处 10min 的平均风速，m/s；u_{10} 可取邻近气象台(站)距地面 10m 高度处的平均风速；P 为风速高度指数，风速高度指数建议按表 4.3 选取。

表 4.3　各稳定度等级下的 P 值

地区　　　　稳定度等级	A	B	C	D	E/F
城市	0.1	0.15	0.20	0.25	0.30
乡村	0.07	0.07	0.10	0.15	0.25

2. 扩散参数 σ_y 和 σ_z 的计算

扩散方程的重要性质是在垂直于污染物迁移的方向上，存在着浓度的正态分布。扩散参数 σ_y 和 σ_z 是高斯模型的重要参数，σ_y 和 σ_z 是由排放源到计算点的纵向距离(下风向)和大气稳定度的函数，也与烟羽的排放高度及地面粗糙度有关。通常 σ_y 和 σ_z 的值随高度和地面粗糙度的增加而降低。σ_y 和 σ_z 的值可以用示踪实验方法现场测定，也可以由大气湍流特征确定。该处主要讲解《环境影响评价技术导则　大气环境》(HJ/T 2.2—1993)

中 σ_y 和 σ_z 的确定方法。该导则中将扩散参数 σ_y 和 σ_z 表示为幂函数表达式:

$$\sigma_y = \gamma_1 x^{\alpha_1}, \quad \sigma_z = \gamma_2 x^{\alpha_2} \tag{4-14}$$

式中, α_1 为横向扩散参数回归指数; α_2 为铅直扩散参数回归指数; γ_1 为横向扩散参数回归系数; γ_2 为铅直扩散参数回归系数; x 为距排气筒下风向水平距离, m。

1)扩散参数选取方法

扩散参数 σ_y 和 σ_z 的选取分为有风时 ($u_{10} \geqslant 1.5 \text{m/s}$),小风和静风 ($u_{10} < 1.5 \text{m/s}$) 两种情况。该处仅介绍有风时的扩散参数选取方法,小风和静风的选取方法参见《环境影响评价技术导则　大气环境》。

(1)平原地区农村及城市远郊地区的扩散参数选取方法:A、B、C 级稳定度直接由表 4.4 和表 4.5 查算,D、E、F 级稳定度则需向不稳定方向提半级后由表 4.4 和表 4.5 查算。

(2)工业区或城区的点源,其扩散参数选取方法如下:A、B 级不提级,C 级提到 B 级,D、E、F 级向不稳定方向提一级,再按表 4.4 和表 4.5 查算。

2)扩散参数查算表

横向扩散参数幂函数表达式数据列于表 4.4 中,垂直扩散参数幂函数表达式数据列于表 4.5 中。

表 4.4　横向扩散参数幂函数表达式数据(取样时间 0.5h)

扩散参数	稳定度等级(P.S)	α_1	γ_1	下风距离/m
	A	0.901074	0.425809	0~1000
		0.850934	0.602052	>1000
	B	0.914370	0.281846	0~1000
		0.865014	0.396353	>1000
	B~C	0.919325	0.229500	0~1000
		0.875086	0.314238	>1000
	C	0.924279	0.177154	0~1000
		0.885157	0.232123	>1000
$\sigma_y = \gamma_1 x^{\alpha_1}$	C~D	0.926849	0.143940	0~1000
		0.886940	0.189396	>1000
	D	0.929418	0.110726	0~1000
		0.888723	0.146669	>1000
	D~E	0.925118	0.0985631	0~1000
		0.892794	0.124308	>1000
	E	0.920818	0.0864001	0~1000
		0.896864	0.101947	>1000
	F	0.929418	0.0553634	0~1000
		0.888723	0.0733348	>1000

表 4.5　垂直扩散参数幂函数表达式数据（取样时间 0.5h）

扩散参数	稳定度等级(P.S)	α_2	γ_2	下风距离/m
		1.12154	0.0799904	0~300
	A	1.52360	0.00854771	300~500
		2.10881	0.000211545	>500
	B	0.964435	0.127190	0~500
		1.09356	0.0570251	>500
	B~C	0.941015	0.114682	0~500
		1.00770	0.0757182	>500
	C	0.917596	0.106803	0
		0.838628	0.126152	0~2000
	C~D	0.756410	0.235667	2000~10000
		0.815575	0.136639	>10000
$\sigma_y = \gamma_2 x^{\alpha_2}$		0.826212	0.104634	1~1000
	D	0.632023	0.400167	1000~10000
		0.499149	1.038100	>10000
		0.776864	0.111771	0~2000
	D~E	0.572347	0.528992	2000~10000
		0.499149	1.038100	>10000
		0.788370	0.0927529	1~1000
	E	0.565188	0.4333840	1000~10000
		0.414743	1.732410	>10000
		0.784400	0.0620765	1~1000
	F	0.525969	0.3700150	1000~10000
		0.322659	2.4069100	>10000

3. 高架点源的有效高度 H_e 的计算

高架点源的有效高度 H_e 包括两部分：
烟囱口距地面的几何高度 H 和烟气抬升高
度 ΔH，如图 4.7 所示。

烟气抬升高度是指烟气排出烟囱口之
后在动量和热浮力的作用下还能够继续上
升的高度。这个高度可达数十米至上百米，
对减轻地面的大气污染有很大作用。因此，
烟囱的有效高度可用下式计算

$$H_e = H + \Delta H$$

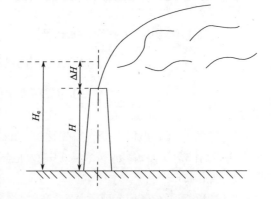

图 4.7　高架点源的有效高度

式中，H 为排气筒口距地面的几何高度，m；ΔH 为烟气抬升高度，m。ΔH 受烟气本身的热力、动力性质及周围大气状况、下垫面情况等因素的影响。造成烟气抬升的原因有二：①烟气在烟囱内向上运动具有的动量使得离开烟囱后继续向上运动，为动力抬升；②烟气温度比周围空气温度高，密度较小，因浮力而抬升，为热力抬升。烟气抬升过程有：喷出阶段、浮升阶段、瓦解阶段、变平阶段，最后达到烟气抬升高度的终极抬升阶段。对于不同的情况，可根据我国环境保护行业标准《环境影响评价技术导则　大气环境》(HJ/T 2.2—1993)，按下述经验公式计算。

1) 有风(u_{10}>1.5m/s) 中性/不稳定情况

分三种情况计算烟气抬升高度 ΔH(m)。

(1) 当烟气热释放率 Q_h≥2100kJ/s，且烟气温度与环境温度的差值 ΔT≥35K 时，

$$\Delta H = n_0 Q_h^m H^m U^{-1} \tag{4-15}$$

$$Q_h = 0.35 P_a Q_v \frac{\Delta T}{T_s} \tag{4-16}$$

$$\Delta T = T_s - T_a \tag{4-17}$$

式中，n_0 为烟气热状况及地表系数；n_1 为烟气热释放率指数；n_2 为排气筒高度指数，参见表 4.6；Q_h 为烟气热释放率，kJ/s；Q_v 为实际排烟率，m³/s；H 为排气筒距地面几何高度，m，超过 240m 时，取 H=240m；P_a 为大气压力，hPa，如无实测值，可取邻近气象台(站)季或年平均值；ΔT 为烟气出口温度与环境温度差，K；T_s 为烟气出口温度，K；T_a 为环境大气温度，K，如无实测值，可取邻近气象台(站)季或年平均值；U 为排气筒出口处平均风速，m/s 。

表 4.6　n_0、n_1、n_2 的选取

Q_h/(kJ/s)	地表状况(平原)	n_0	n_1	n_2
Q_h≥21000	农村或城市远郊区	1.427	1/3	2/3
	城市及近郊区	1.303	1/3	2/3
2100≤Q_h<21000	农村或城市远郊区	0.332	3/5	2/5
且 ΔT≥35K	城市及近郊区	0.292	3/5	2/5

(2) 当 1700 kJ/s<Q_h<2100kJ/s 时，

$$\Delta H = \Delta H_1 + (\Delta H_2 - \Delta H_1)\frac{Q_h - 1700}{400} \tag{4-18}$$

$$\Delta H_1 = \frac{2(1.5V_s D + 0.01Q_h)}{U} - \frac{0.048(Q_h - 1700)}{U}$$

式中，V_s 为排气筒出口处烟气排出速度，m/s；D 为排气筒出口直径，m；ΔH_2 按式(4-15)～式(4-17)计算，n_0、n_1、n_2 按表 4.6 中 Q_h 值较小的一类选取；Q_h、U 与式(4-15)～式(4-17)中定义相同。

(3) 当 Q_h≤1700kJ/s 或者 ΔT<35K 时，

$$\Delta H = \frac{2(1.5V_s D + 0.01Q_h)}{U} \tag{4-19}$$

2) 有风 $(u_{10} > 1.5\text{m/s})$　稳定条件

按下式计算烟气抬升高度：

$$\Delta H = Q_h^{1/3} \left(\frac{\mathrm{d}T_\alpha}{\mathrm{d}z} + 0.0098 \right)^{-1/3} U^{-1/3} \tag{4-20}$$

式中，$\dfrac{\mathrm{d}T_\alpha}{\mathrm{d}z}$ 为排气筒几何高度以上的大气温度梯度，K/m。

3) 小风 $(0.5\text{m/s} \leqslant u_{10} \leqslant 1.5\text{m/s})$ 和静风 $(u_{10} \leqslant 0.5\text{m/s})$ 条件

$$\Delta H = 5.50 Q_h^{1/4} \left(\frac{\mathrm{d}T_\alpha}{\mathrm{d}z} + 0.0098 \right)^{-3/8} \tag{4-21}$$

式中，u_{10} 为地面 10m 高处的平均风速，m/s；$\dfrac{\mathrm{d}T_\alpha}{\mathrm{d}z}$ 取值宜小于 0.01K/m。

4. 高架连续点源的地面浓度模型

计算污染范围内地面任一点处的污染物浓度时，令 $z=0$，得到高架连续点源的地面浓度模型

$$C(x, y, 0, H_e) = \frac{Q}{\pi u_x \sigma_y \sigma_z} \exp \left(-\frac{y^2}{2\sigma_y^2} - \frac{H_e^2}{2\sigma_z^2} \right) \tag{4-22}$$

5. 高架连续点源的地面轴线浓度模型

污染源下风向地面轴线浓度（即从烟囱原点下风向延伸的方向，即 $z=0$，同时 $y=0$）由式 (4-22) 计算得到

$$C(x, 0, 0, H_e) = \frac{Q}{\pi u_x \sigma_y \sigma_z} \exp \left[-\frac{H_e^2}{2\sigma_z^2} \right] \tag{4-23}$$

对于式 (4-23)，随着 x 的增加，其第一项数值必将减小，而对于第二项增加，必将存在某一距离出现浓度 C 的最大值。

6. 高架连续点源最大落地浓度模型

对于一个高架污染点源，最大落地浓度发生在轴线上，将方程对 x 求导数，并令 $\mathrm{d}C/\mathrm{d}x=0$，可以得到最大落地浓度 C_m 及出现最大落地浓度时的最大浓度点距污染源的距离 x_m。

$$C(x, 0, 0, H_e) = \frac{Q}{\pi u_x \sigma_y \sigma_z} \exp \left[-\frac{H_e^2}{2\sigma_z^2} \right]$$

$$\frac{\mathrm{d}C}{\mathrm{d}x} = -\frac{Q}{2\pi x^2 \sqrt{E_{t,y} E_{t,z}}} \exp \left[-\frac{u_x H_e^2}{4 E_{t,z} x} \right] + \frac{Q}{2\pi x^2 \sqrt{E_{t,y} E_{t,z}}} \exp \left[-\frac{u_x H_e^2}{4 E_{t,z} x} \right] \cdot \left[\frac{u_x H_e^2}{4 E_{t,z} x^2} \right] = 0$$

最大浓度点距污染源的距离 x_m 为

$$x_m = \frac{u_x H_e^2}{4 E_{t,z}} \tag{4-24}$$

$$C_{\mathrm{m}} = C(x_{\mathrm{m}}, 0, 0, H_{\mathrm{e}}) = \frac{0.117Q}{u_x \sigma_z \sigma_y} \tag{4-25}$$

也可以在计算机上按照式(4-23)计算并绘制地面轴线浓度随下风向距离 x 的变化曲线 $C(x,0,0,H_{\mathrm{e}}) \sim x$，在该曲线上直接读出 C_{m} 和 x_{m}。

7. 危险风速下的地面绝对最大浓度计算

前面的地面轴线最大浓度公式是在风速不变的条件下得到的。实际上，风速对地面最大浓度的贡献是双重的，一方面风速增大，地面最大浓度 C_{m} 会减小[式(4-23)]；另一方面，风速增大，有效源高 H_{e} 会降低[式(4-15)]，从而使得地面浓度增大[式(4-23)]。因此，地面最大浓度随风速的变化并非单值线性变化，当平均风速由低速向高速逐渐增加时，地面最大浓度也随之增加；当平均风速增加到一定程度 u_{c} 时，地面浓度达到最大值；当风速超过 u_{c} 时，地面最大浓度又逐渐减小。地面最大浓度极值称为绝对地面最大浓度 C_{absm}，达到 C_{absm} 时的平均风速为危险风速 u_{c}。

将 C_{m} 公式对 u_x 求导，并令其为 0，可以得到危险风速 u_{c} 和绝对地面最大浓度 C_{absm} 及危险风速下的烟气抬升高度 ΔH_{c} 和有效源高 H_{e}。

8. 逆温条件下的高架连续点源模型

如果在烟囱排出口的上空存在逆温层，从地面到逆温层底部的高度为 h，这时，烟囱的排烟不仅要受到地面的反射，还要受到逆温层的反射(图4.8)。

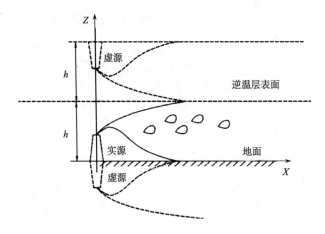

图 4.8　地面和逆温层的反射

在逆温条件下，当将地面及逆温层的反射看成为全反射时，同样可以用虚源模拟地面及逆温层的反射作用，高架连续点源扩散模型为

$$C(x, y, z, H_{\mathrm{e}}) = \frac{Q}{2\pi u_x \sigma_y \sigma_z} \exp\left(-\frac{y^2}{2\sigma_y^2}\right) \cdot F \tag{4-26}$$

$$F = \sum_{n=-k}^{+k} \left\{ \exp\left[-\frac{(2nh+z-H_e)^2}{2\sigma_z^2} \right] + \exp\left[-\frac{(2nh+z+H_e)^2}{2\sigma_z^2} \right] \right\}$$

式中，h 为由地面到逆温层底部的高度；n 为计算的反射次数，其他参数含义与上述公式相同。

【案例 4-2】逆温条件下轴线上 SO_2 浓度计算

某工厂烟囱的有效高度 H_e 为 53.35m，SO_2 排放源强为 Q 为 720mg/s，烟囱出口处的平均风速为 u_x 为 2.51m/s，横向扩散参数 $\sigma_y = 0.177154 \cdot x^{0.924279}$，铅直扩散参数 $\sigma_z = 0.106803 \cdot x^{0.917596}$，地面到逆温层底部的高度 h 为 1000m（即混合层高度 1000m），试计算反射次数 $n=3$ 时的轴线上 SO_2 浓度。

解：直接将该题目中的参数代入式(4-26)，即可得到轴线上不同位置的 SO_2 浓度值。下面利用 MATLAB 软件编写程序来实现轴线上不同位置 SO_2 浓度值的计算过程。MATLAB 编程代码如下：

```
n1=3;h=1000;Q=720;z=0;He=53.35;ux=2.5;y=0%n1为反射次数
x=10:10:6000;                              %轴向上距排放中心的不同位置
sigmay=r1*x.*a1;sigmaz=r2*x.*a2;%横向扩散参数σy和铅直扩散参数σz
sumF=0;
k=1;
Smax=[];Index=[];K=[];
for n=1:n1
    for i=-n:1:n

F=exp(-(2*i*h+z-He)^2./(2*sigmaz.^2))+exp(-(2*i*h+z+He)^2./(2*sigmaz.^2));
        sumF=sumF+F;
    end
    C=Q./(2*pi*ux.*sigmaz.*sigmay).*exp(-y^2./(2*sigmay.^2)).*sumF;
    [Cmax,index]=max(C);
    Smax=[Smax;Cmax];Index=[Index;index];
    K=[K;k];
    k=k+1;
    plot(x,C)
    hold on
%       pause
end
result=[K Smax Index]
xlabel('\bf\it\fontname{Times New Roman}x\rm\bf(m)');
ylabel('\bf\it\fontname{Times New Roman}C \rm\bf(mg/m\^3)')
```

图 4.9 为不同反射次数时 SO_2 的轴线浓度值。

9. 可沉降颗粒物的扩散模型

当颗粒物的直径小于 $10\mu m$ 时，在空气中的沉降速度小于 1cm/s，由于垂直湍流和大气运动的支配，不可能自由沉降到地面，颗粒物的浓度分布仍可用前面所述各式计算。

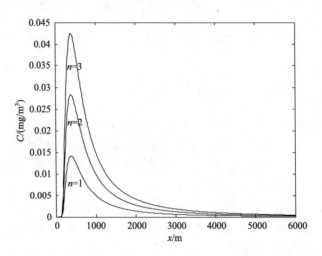

图 4.9 不同反射次数时 SO_2 轴线浓度值

当颗粒物的直径大于 $10\mu m$ 时，在空气中的沉降速度在 $100cm/s$ 左右，颗粒物除了随流场运动以外，还由于重力下沉的作用，使扩散羽的中心轴线向地面倾斜，在不考虑地面反射的情况下由高斯模式导出其地面浓度 C 计算式

$$C(x,y,0,H_e) = \frac{\alpha Q}{2\pi u_x \sigma_y \sigma_z} \exp\left\{-\frac{y^2}{2\sigma_y^2} - \frac{(H_e - u_g x/u_x)^2}{2\sigma_z^2}\right\} \tag{4-27}$$

式中，$u_g = \dfrac{d^2 \rho g}{18\mu}$ 为颗粒物的沉降速度，d 和 ρ 分别为颗粒物的直径和密度；g 为重力加速度，μ 为空气动力黏性系数；α 为颗粒物的地面反射系数，$\alpha=[0,1]$；u_x 为烟囱出口处平均风速。

4.2.3 多点源排放条件下的浓度计算

一般来说，地面上任意一点的污染物来源于多个污染源。如何存在 m 个相互独立的污染源，在任一空间点 (x,y,z) 处的污染物浓度，就是这 m 个污染源对这一空间点的贡献之和，即

$$C(x,y,z) = \sum_{i=1}^{m} C_i(x,y,z)$$

当 $x-x_i > 0$ 时，

$$C_i(x,y,z) = \frac{Q_i}{2\pi u_x \sigma_{y_i} \sigma_{z_i}} \exp\left(-\frac{(y-y_i)^2}{2\sigma_{y_i}^2} - \frac{(z-H_{e_i})^2}{2\sigma_{z_i}^2}\right) \tag{4-28}$$

$$C(x,0,0) = \sum_{i=1}^{m} C_i(x,0,0) = \sum_{i=1}^{m} \frac{Q_i}{2\pi u_x \sigma_{y_i} \sigma_{z_i}} \exp\left(-\frac{y_i^2}{2\sigma_{y_i}^2} - \frac{H_{e_i}^2}{2\sigma_{z_i}^2}\right)$$

当 $x-x_i \leqslant 0$ 时，

$$C_i(x, y, z) = C_i(x-x_i, y-y_i, z) = 0$$

式中，$C_i(x, y, z)$ 为第 i 个污染源对点 (x, y, z) 的贡献；Q_i 为第 i 个污染源的源强；x_i、y_i 及 H_{e_i} 为 i 个污染源排出口的位置及排气筒有效高度；扩散参数 σ_{y_i}、σ_{z_i} 为决定于第 i 个污染源至计算点的纵向距离的横向与竖向的标准差。

【案例 4-3】 轴线上 SO_2 浓度计算

某工厂烟囱高 45m，内径为 1.0m，烟温为 100℃，烟速为 5.0m/s；耗煤量为 180kg/h，全硫分含量为 1.0%，可燃硫占全硫量的百分比为 80%，水膜脱硫效率取 10%；气温 20℃，10m 高风速 2.0m/s，C 级稳定度条件（该地区为农村，地形平坦，P_a=1010hPa）。试求：

(1) 计算距源 500m 位置 x 轴线上 SO_2 浓度；

(2) 利用 MATLAB 绘出地面轴线浓度的变化；

(3) 利用 MATLAB 绘出距源 300m 处垂向浓度变化；

(4) 利用 MATLAB 绘出 xy 平面的浓度等值线图；

(5) 利用 MATLAB 分析风速对地面最大浓度值的影响。

解：H=45m，D=1.0m，r=0.5m，T_s=100℃，T_s=(100+273)K，$V_{烟}$=5.0m/s，T_a=20℃，u_{10}=2.0m/s，x=500m，$\Delta T = T_s - T_a$=80K，C 级稳定度，P_a=1010hPa。

(1) 计算 SO_2 源强：

$$\begin{aligned}
Q_{so_2} &= 2WSD(1-\eta) = 1.6WS(1-\eta) \\
&= 2 \times 180 \times 1\% \times 80\% \times (1-10\%) \\
&= 2.592\text{kg/h} = 720\,(\text{mg/s})
\end{aligned}$$

式中，W 为燃煤量，180kg/h；S 为煤中的全硫分含量，1.0%；D 为可燃硫占全硫量的百分比，80%；η 为二氧化硫去除效率，10%。

(2) 计算烟气热释放率 Q_h：

$$Q_v = Av = \pi r^2 V_{烟} = 3.14 \times 0.5^2 \times 5.0 = 3.93\,(\text{m}^3/\text{s})$$

$$Q_h = 0.35 \times P_a Q_v \Delta T / T_s = 0.35 \times 1010 \times 3.93 \times 80/373 = 297.96\,(\text{kJ/s})$$

(3) 计算高架点源的有效高度 H_e：

烟囱出口处的平均风速为

$$u = u_{10}(H/10)^P = 2.0 \times (45/10)^{0.15} = 2.51\,(\text{m/s})$$

式中，风速高度指数 P=0.15 通过查表 4.3 得到。因为 u_{10}>1.5m/s，且 Q_h<1700kJ/s，则

$$\Delta H = 2 \times (1.5V_{烟}D + 0.01Q_h)/u$$

$$\Delta H = 2 \times (1.5 \times 5.0 \times 1.0 + 0.01 \times 297.6)/2.51 = 8.35\,(\text{m})$$

$$H_e = H + \Delta H = 45 + 8.35 = 53.35\,(\text{m})$$

(4) 计算扩散参数 σ_y 和 σ_z：根据大气 C 级稳定度和 x=500m 的条件，通过查扩散参数查算表 4.2 和表 4.3，可得到横向扩散参数回归指数 α_1、铅直扩散参数回归指数 α_2、横向扩散参数回归系数 γ_1、铅直扩散参数回归系数 γ_2。

$$\sigma_y = 0.177154 \times x^{0.924279} = 55.33$$

$$\sigma_z = 0.106803 \times x^{0.917596} = 32.00$$

(5) 计算距源 $x=500$m 轴线上 SO_2 浓度：将上述计算的 u、σ_y、σ_z、Q 和 H_e 代入下式，可得 $x=500$m 轴线上 SO_2 浓度为

$$C(x,0,0,H_e) = \frac{Q}{\pi u_x \sigma_y \sigma_z} \exp\left[-\frac{H_e^2}{2\sigma_z^2}\right]$$

$$= 720/(3.14 \times 2.51 \times 55.33 \times 32) \times \exp(-53.35^2/2/32^2)$$

$$= 0.0129\,(\text{mg/m}^3)$$

(6) 利用 MATLAB 绘出地面轴线浓度的变化：地面轴线浓度的变化可利用式(4-23)来计算，即

$$C(x,0,0,H_e) = \frac{Q}{\pi u_x \sigma_y \sigma_z} \exp\left[-\frac{H_e^2}{2\sigma_z^2}\right]$$

地面轴线浓度的变化过程如图 4.10 所示，可知当 $x=597$m 时，地面浓度达到最大值 $0.0136\,(\text{mg/m}^3)$。

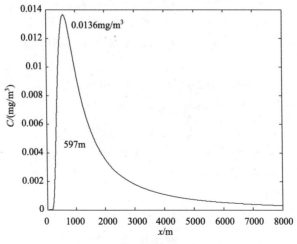

图 4.10　地面轴线浓度的变化

MATLAB 编程代码如下：

```
x=1:1:8000; y=0; z=0; He=53.35; ux=2.51; Q=720;  %mg/s
sigmay=0.177154*x.^0.924279;
sigmaz=0.106803*x.^0.917595;
C=Q./(2*pi*ux.*sigmay.*sigmaz).*exp(- y.^2./(2*sigmay.^2))
.*(exp(-(z+He).^2./(2*sigmaz.^2))+exp(-(z- He).^2. /(2*sigmaz.^2)))
[cmax index]=max(C);
xmax=x(index);
plot(x,C,'linewidth',2);
h1=text(600,0.013,strcat(num2str(cmax),'mg/L'),'FontSize',12);
h2=text(600,0.005,strcat(num2str(xmax),'m'),'FontSize',12);
```

```
xlabel('x\it(m)');
ylabel('C\it(mg/L)');
```

(7)利用 MATLAB 绘出距源 300m 处垂向浓度变化：距源 300m 处垂向浓度变化可利用式(4-12)来计算，即

$$C(x, y, z, H_e) = \frac{Q}{2\pi u_x \sigma_y \sigma_z} \exp\left(-\frac{y^2}{2\sigma_y^2}\right)\left\{\exp\left[-\frac{(z+H_e)^2}{2\sigma_z^2}\right] + \exp\left[-\frac{(z-H_e)^2}{2\sigma_z^2}\right]\right\}$$

式中，设定 x=300m，y=0m，其他参数与上述条件一致，计算结果如图 4.11 所示。图 4.11 中同时也绘出了 x=50m、100m、150m、200m、250m，y=0m 处的垂向浓度变化曲线。从图 4.11 可以看出，随着下风距离的增大，σ_z 也增加，污染物的铅直扩散范围不断扩大，最高浓度不断降低。表现在图上，就是正态曲线越来越扁而平。

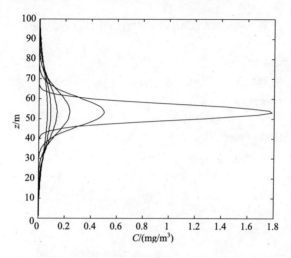

图 4.11　距源 x=50~300m 处垂向浓度变化

MATLAB 编程代码如下：

```
y=0;   z=1:100;He=53.35;ux=2.51;Q=720; i=1;
for x=0:50:300
    sigmay=0.177154*x.^0.924279;
    sigmaz=0.106803*x.^0.917595;
    C(:,i)=Q./(2*pi*ux.*sigmay.*sigmaz).*exp(-y.^2.
        /(2*sigmay.^2)).*(exp(-(z+He).^2./(2*sigmaz.^2))
        +exp(-(z-He).^2./(2*sigmaz.^2)));
    i=i+1;
end
plot(C,z,'linewidth',2);
ylabel('z\it(m)');
xlabel('C\it(mg/L)');
```

(8)利用 MATLAB 绘出 xy 平面的浓度等值线图：xy 平面的浓度等值线图仍利用式 (4-12)来计算，设定公式中的 z=0m。计算结果如图 4.12 所示。

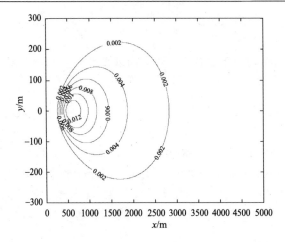

图 4.12　MATLAB 绘制的 xy 平面浓度等值线图

MATLAB 编程代码如下：

```
x=0:5000;    y=-300:300; z=0; He=53.35; ux=2.51; Q=720;
[X Y]=meshgrid(x,y);
sigmay=0.177154*X.^0.924279;
sigmaz=0.106803*X.^0.917595;
C=Q./(2*pi*ux.*sigmay.*sigmaz).*exp(-Y.^2./(2*sigmay.^2))
    .*(exp(-(z+He).^2./(2*sigmaz.^2))+exp(-(z- He).^2./(2*sigmaz.^2)));
[c h]=contour(X,Y,C);
text_handle = clabel(c,h);
xlabel('x(m)');
ylabel('y(m)');
```

(9) 利用 MATLAB 分析风速对地面最大浓度值的影响：利用地面轴线浓度式(4-23)来分析风速对地面最大浓度值的影响，计算结果如图 4.13 所示。由图 4.13 可以看出，随着风速 u_x 的增大，地面最大浓度值不断减小。

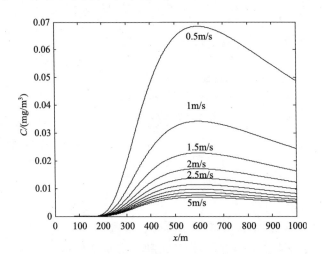

图 4.13　风速对地面最大浓度值的影响

MATLAB 编程代码如下：

```
x=1:1:1000;  y=0;  z=0;  He=53.35;  Q=720;
sigmay=0.177154*x.^0.924279;
sigmaz=0.106803*x.^0.917595;
k=1;
for ux=0.5:0.5:5
      C(:,k)=Q./(2*pi*ux.*sigmay.*sigmaz).*exp(-
             y.^2./(2*sigmay.^2)).*(exp(-(z+He).^2./
             (2*sigmaz.^2))+exp(-(z-He).^2./(2*sigmaz.^2)));
      cmax(k)=max(C(:,k));
      k=k+1;
end
plot(x,C);
```

4.3　大气污染物线源扩散模型

　　污染源在空间上呈线状排放或由移动源构成线状排放的源称为线源。线源模型主要用于模拟预测流动源及其他线状污染源对大气环境质量的影响，如川流不息的交通干线上汽车尾气的排放、内河航船废气的排放等。本节重点介绍无限长线源模型。当线源分布的长度足够大或当接受点到线源的距离与线源的长度相比很小时，可以将其看作无限长线源。无限长线源可以认为由无穷多个点源排列而成，线源的源强 Q_L 用单位长度线源在单位时间内排放的污染物质量表示，线源在某一空间点 P 产生的浓度可以看作所有点源在这一点的浓度贡献之和。

4.3.1　风向与线源垂直

　　设 x 轴与风向一致，线源平行于 y 轴，视线源由无穷多个点源排列而成，因此，把点源扩散的高斯模式对变量 y 积分，可获得线源扩散模式。

$$C_L = \frac{Q_L}{u_x} \int_0^L f \mathrm{d}L \tag{4-29}$$

式中，L 为线源长度；Q_L 为源强（单位长度线源在单位时间内排放的污染物质量）；f 可通过如下公式计算

$$f = \frac{1}{2\pi u_x \sigma_y \sigma_z} \exp\left(-\frac{y^2}{2\sigma_y^2}\right) \left\{ \exp\left[-\frac{(z+H_e)^2}{2\sigma_z^2}\right] + \exp\left[-\frac{(z-H_e)^2}{2\sigma_z^2}\right] \right\}$$

　　实际应用中，可采用数值积分的方法，将 L 划分为长度为 ΔL 的 $n+1$ 段，用求和的方法计算得到

$$C_L = \frac{Q_L \Delta L}{\bar{u}} \left[\frac{1}{2}(f_0 + f_n) + \sum_{i=1}^{n-1} f_i \right] \tag{4-30}$$

f_i 根据 f 计算。这种方法适用于不规则线源。

连续排放的无限长线源下风向浓度模式可以由式(4-29)积分得到，为

$$C(x,y,0,H) = \frac{Q_L}{\pi \sigma_y \sigma_z \bar{u}} \exp\left(-\frac{H^2}{2\sigma_z^2}\right) \int_{-\infty}^{+\infty} \exp\left(-\frac{y^2}{2\sigma_y^2}\right) dy$$

$$C(x,0,0,H) = \sqrt{\frac{2}{\pi}} \frac{Q_L}{\sigma_z \bar{u}} \exp\left(-\frac{H^2}{2\sigma_z^2}\right) \tag{4-31}$$

对连续排放无限长地面线源下风向地面浓度为

$$C(x,0,0,0) = \sqrt{\frac{2}{\pi}} \frac{Q_L}{\sigma_z \bar{u}} \tag{4-32}$$

4.3.2　风向与线源平行

当风向与线源平行时，此时只有上风向的线源对计算点的浓度有贡献，所以浓度与顺风向位置无关

$$C(x,0,0,H) = \frac{Q_L}{\sqrt{2\pi} \sigma_z u_x} \exp\left(-\frac{H^2}{2\sigma_z^2}\right) \tag{4-33}$$

对其连续排放的无限长地面线源下风向地面浓度为

$$C(x,0,0,0) = \frac{Q_L}{\sqrt{2\pi} \sigma_z u_x} \tag{4-34}$$

【案例 4-4】线源模型案例

阴天(D级稳定度)情况下，风向与公路垂直，平均风速为4m/s，最大交通量为8000辆/h，车辆平均速度为64km/h，每辆车排放CO量为2×10^{-2}g/s，试求：距公路下风向300m处的CO的落地最大浓度。

解：把公路当作一无限长线源，源强为

$$Q_L = \frac{2 \times 10^{-2} \times 8000}{64000} = 2.5 \times 10^{-3}[\text{g}/(\text{m} \cdot \text{s})]$$

运用式(4-32)

$$C(x,0,0,0) = \sqrt{\frac{2}{\pi}} \frac{Q_L}{\sigma_z \bar{u}}$$

在 D 级稳定度 300m 处，查表 4.4 和表 4.5，得 $\alpha_2 = 0.826212$，$\gamma_2 = 0.104634$，解得

$$\sigma_z = \gamma_2 x^{\sigma_2} = 0.104634 \times 300^{0.826212} \approx 11.65$$

$$C = \sqrt{\frac{2}{\pi}} \frac{Q_L}{\bar{\mu} \sigma_z} = \sqrt{\frac{2}{\pi}} \times \frac{2.5 \times 10^{-3}}{4 \times 11.65} = 4.28 \times 10^{-5} (\text{g}/\text{m}^3)$$

4.4　大气污染物面源模型

面源是指在一定区域范围内，以低矮密集的方式自地面或近地面的高度排放污染物

的源。实际问题研究中，某平面区域上源强较小、排出口较低，但数量多、分布比较均匀的污染源扩散问题均可作为面源处理。例如，居民区或居住集中的家庭炉灶和低矮烟囱，其数量较多，单个排放量很小，若按点源处理计算量较大，此时可作为面源处理；平原地区排气筒高度不高于 30m 或排放量小于 0.04t/h 的多个排放源也可按面源处理；在城市和工业区，低矮的排放量较小的点源群和线源也可作为面源处理。

　　大气环境质量预测和模拟模型中，箱式大气质量模型是一种较为常用的大气质量模型，其基本假设是：在模拟大气的污染物浓度时把所研究的空间范围简化为一个尺寸固定的"箱子"，箱子的高度就是从地面计算的混合层高度，箱子的平面尺寸(宽度和长度)是所研究的区域面积，污染物浓度在箱子内处处相等。箱式大气质量模型可以分为单箱模型和多箱模型。

4.4.1 单箱模型

1. 基本假设

　　单箱模型是计算一个区域或城市大气质量的最简单模型，箱子平面尺寸就是所研究的区域或城市的平面，箱子高度是由地面计算的混合层高度 h(图 4.14)，而污染物浓度在混合层内部处处相等，因此箱式模型是零维模型。混合层高度 h 是指当大气中性和不稳定时，由于动力或热力湍流的作用，边界层内上下层之间产生强烈的动量或热量交换，通常把出现这一现象的层称为混合层(或大气边界层)，其高度称为混合层高度。混合层高度的值主要取决于逆温条件。混合层向上发展时，常受到位于边界层上边缘的逆温层底部的限制。与此同时，也限制了混合层内污染物向上扩散。

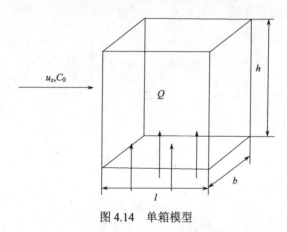

图 4.14 单箱模型

2. 基本模型

　　该模型假定所研究的区域被一个箱子笼罩，设箱子的长、宽、高分别为 l、b、h，单位为 m(图 4.14)，初始情况下的污染物浓度(本底)为 C_0，g/m^3，箱体内部的污染物浓度为 C，g/m^3(输出浓度)；污染源源强为 Q(g/m^2·s)，污染物衰减速度常数为 K，s^{-1}，平均风速为 u，m/s，则箱子内污染物在 Δt 时段内质量的变化为 $\Delta C \cdot lbh$。

输入箱子内的污染物质量为：①水平方向，$+\Delta x \cdot bhC_0$；②垂直方向，$+\Delta m \cdot bl$（其中，m 为单位面积污染物的排放量）。

箱子内污染物的输出为：①水平方向，$-\Delta x \cdot bhC$；②垂直方向，由于上部为混合层边界，所以以无输出。

箱子内污染物的降解：$-\Delta(Clbh)$。

那么，根据质量守恒原理得

$$\Delta C \cdot lbh = \Delta x \cdot bhC_0 + \Delta m \cdot bl - \Delta x \cdot bhC - \Delta(Clbh)$$

将上式两边同除以 Δt 可得

$$\frac{\mathrm{d}C}{\mathrm{d}t}lhb = ubh(C_0 - C) + lbQ - KClbh$$

简化后得

$$\frac{\mathrm{d}C}{\mathrm{d}t} = \frac{u}{l}(C_0 - C) + \frac{Q}{h} - KC$$

方程的解为

$$C = C_0 + \frac{Q/h - C_0 K}{u/l + K}\left\{1 - \exp\left[-(u/l + K)t\right]\right\} \tag{4-35}$$

箱内的污染物浓度随时间的变化逐渐趋于稳定状态，此时箱内污染物的平衡浓度 C_p 为

$$C_p = C_0 + \frac{Q/h - C_0 K}{u/l + K} \tag{4-36}$$

如果不考虑污染物的衰减，即 $K=0$，当污染物浓度稳定排放时，可以得到式(4-35)的解为

$$C = C_0 + \frac{Ql}{uh}\left[1 - \exp\left(-\frac{u}{l}t\right)\right] \tag{4-37}$$

平衡浓度为

$$C = C_0 + \frac{Ql}{uh} \tag{4-38}$$

【案例4-5】单箱模型

已知某山谷地区要建一工业区，该地混合层厚度 $h=750$m，长 50m，宽 5m，风速为 2m/s，二氧化硫的本底浓度为 0.011mg/L。改工业区建成后计划用煤 8000t/d，煤的含硫量为 3%，二氧化硫的转化率为 85%，用单箱模型估计工业区建成后该地二氧化硫的浓度（该问题不考虑箱内污染物的衰减）。

解：

面源源强

$$Q = \frac{(8000 \times 3\% \times 85\% \times 64/32) \times 10^6}{50 \times 5 \times 24 \times 60 \times 60} = 18.89(\mathrm{g/m^2 \cdot s})$$

该问题不考虑箱内污染物的衰减，即 $K=0$，根据式(4-38)可知该地区二氧化硫的浓度为

$$C = C_0 + \frac{Ql}{uh} = 0.011 + \frac{18.89 \times 50}{2 \times 750} = 0.641(\text{mg/L})$$

单箱模型把整个箱体内部的浓度视为均匀分布，不包括空间位置的影响，也不考虑地面污染源分布的不均匀性，因而其计算结果是概略的。

4.4.2 多箱模型

多箱模型是对单箱模型的改进。为了改进计算的精度，在纵向和垂向上进行分割，将单箱分为多箱，构成一个二维箱式结构模型。多箱模型在垂向上将 h 离散成 m 个相等的高度 Δh，在纵向上将 l 离散成 n 个相等的长度 Δl(图 4.15)。在高度方向上，风速可以作为高度的函数分段计算；污染源的源强则根据坐标关系输入贴地的相应子箱中。为了计算上的方便，可以忽略纵向的扩散作用和竖向的推流作用。如果把每一个子箱都视为一个混合均匀的体系，就可以对每一个子箱写出质量平衡方程。

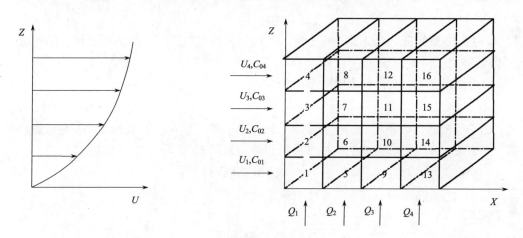

图 4.15 多箱模型

忽略纵向的扩散作用和竖向的推流作用的二维基本环境流体模型为

$$\frac{\partial C}{\partial t} + u\frac{\partial C}{\partial x} = E_{t,z}\frac{\partial^2 C}{\partial z^2} + S$$

其边界条件为 $x=0, C=C_0; z=0, E_{t,z}\dfrac{\partial C}{\partial z} = Q_i; z=h, \dfrac{\partial C}{\partial z}=0$，且稳态条件下 $\dfrac{\partial C}{\partial t}=0$。

所以，对于第一个子箱

$$u_1 b\Delta h(C_{01}-C_1) + Q_1 b\Delta l - E_{2,1} b\Delta h\Delta l(C_1-C_2)/\Delta h^2 = 0$$

即

$$u_1\Delta h(C_{01}-C_1) + Q_1\Delta l - E_{2,1}\Delta l(C_1-C_2)/\Delta h = 0 \tag{4-39}$$

若令 $a_i = u_i\Delta h$，$e_i = E_{i+1,i}\Delta l/\Delta h$，则式(4-39)可以写作

$$(a_1 + e_1)C_1 - e_1C_2 = Q_1\Delta l + a_1C_{01}$$

同理，对第二个子箱有

$$-e_1C_1 + (a_2 + e_1 + e_2)C_2 - e_2C_3 = a_2C_{02}$$

对第三个子箱有

$$-e_2C_2 + (a_3 + e_2 + e_3)C_3 - e_4C_4 = a_3C_{03}$$

对第四个子箱有

$$-e_3C_3 + (a_4 + e_3)C_4 = a_4C_{04}$$

它们组成一个线性方程组，可以用矩阵写成

$$
\begin{bmatrix}
a_1 + e_1 & -e_1 & 0 & 0 \\
-e_1 & a_2 + e_1 + e_2 & -e_2 & 0 \\
0 & -e_2 & e_3 + e_2 + e_3 & -e_3 \\
0 & 0 & -e_3 & a_4 + e_3
\end{bmatrix}
\begin{bmatrix}
C_1 \\ C_2 \\ C_3 \\ C_4
\end{bmatrix}
=
\begin{bmatrix}
Q_1\Delta l + a_1C_{01} \\
a_2C_{02} \\
a_3C_{03} \\
a_4C_{04}
\end{bmatrix}
$$

也可用矩阵表示为

$$AC_I = C_0$$

式中，A 为系数矩阵，C_I 为第 I 列子箱 1~4 的污染物浓度矩阵；C_0 为由系统外输入组成的矩阵。

对于子箱 1~4，A 和 C_0 均为已知，则

$$C_I = A^{-1}C_0$$

由于第一列 4 个子箱的输出就是第二列 4 个子箱的输入，如果 Δl 和 Δh 是常数，对第二列来说，A 的值和上式的线性方程组相等，只是 C_0 有所变化，这时，

$$
C_0 =
\begin{bmatrix}
Q_5\Delta l + a_1C_1 \\
a_2C_2 \\
a_3C_3 \\
a_4C_4
\end{bmatrix}
$$

可以写出

$$
\begin{bmatrix}
C_5 \\ C_6 \\ C_7 \\ C_8
\end{bmatrix}
=
\begin{bmatrix}
Q_5\Delta l + a_1C_1 \\
a_2C_2 \\
a_3C_3 \\
a_4C_4
\end{bmatrix}
$$

由此可以求得第二列子箱 5~8 的浓度 C_5~C_8。以此类推，可以求得 C_9~C_{16}。由此可得基于多箱模型下的浓度分布结果

$$
C =
\begin{bmatrix}
C_4 & C_8 & C_{12} & C_{16} \\
C_3 & C_7 & C_{11} & C_{15} \\
C_2 & C_6 & C_{10} & C_{14} \\
C_1 & C_5 & C_9 & C_{13}
\end{bmatrix}
\tag{4-40}
$$

如果在宽度方向上也作离散化处理，则可以构成一个三维的多箱模型。三维多箱模

型在计算方法上与二维多箱模型类似，但要复杂得多。多箱模型从维向上进行了细分，严格地讲为准多维模型。多箱模型可以反映区域或城市大气质量的空间差异，其精化程度要比单箱模型高，是模拟大气质量的有效工具。

4.5　AREMOD 大气预测模型及应用

4.5.1　AREMOD 模型简介

我国环境保护部在 2008 年 12 月 31 日发布了《环境影响评价技术导则　大气环境》(HJ2.2—2008)，该导则于 2009 年 4 月 1 日起实施，将 AERMOD 大气扩散模型作为导则推荐模型使用。根据该导则所述，AERMOD 的说明、源代码、执行文件、用户手册及技术文档等相关文件均可在环境保护部环境工程评估中心环境质量模拟重点实验室网站(http://www.lem.org.cn)下载获得，版本为 07026 版。AERMOD 模型是一个稳态烟羽扩散模式，适用于范围小于等于 50km 的一级、二级评价项目，可基于大气边界层数据特征模拟点源、面源、体源等排放污染物在短期(小时平均、日平均)、长期(年平均)的浓度分布，适用于农村或城市地区、简单或复杂地形。AERMOD 能考虑建筑物尾流的影响，即烟羽下洗，又称建筑物下洗。该模式使用小时连续预处理气象数据模拟大于等于 1h 平均时间的浓度分布。

AERMOD 模式系统包括了 AERMET、AERMAP 和 AERMOD 扩散模式共三个模块。AERMOD 模式系统运行的全部流程如图 4.16 所示。AERMET 的边界层参数数据和廓线数据可以由现站监测数据确定，也可以由中国气象局常规气象资料(地面观测数据、探空数据)生成，一般情况下使用后者。

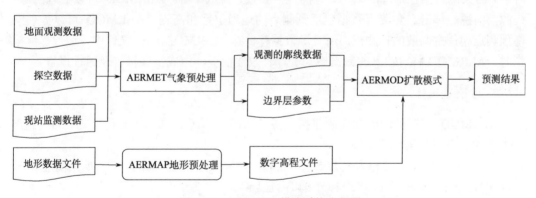

图 4.16　AERMOD 模式系统流程图

除了在 AERMET 中输入地面观测数据和探空数据外，还需将地面反射率、表面粗糙度等地面特征数据，风速、风向、温度、云量等气象观测数据输入 AERMET 中，通过 AERMET 预处理器运算后计算出边界层参数和廓线数据。AERMET 产生的廓线数据和边界层数据会经由 AERMOD 中的控制流文件引用进入 AERMOD 系统，计算出相似参数，并对边界层廓线数据进行内插，最后得出预测结果。

另外，AERMOD 还可以计算建筑物下洗的情况，只需在运算 AERMOD 前将地形高程文件(DEM 文件)输入 AERMAP 中，AERMAP 会自动进行处理，从而产生新的数字高程文件，其后缀名为 REC。数字高程文件同样会经由 AERMOD 中的控制流文件引用进入 AERMOD 系统，从而对预测结果进行修正。

　　本书以某燃煤电厂为例，将污染源简化为一个点源，相对坐标定于原点，即(0,0,0)，设定主要排放污染物为 SO_2，半衰期为 14400s，点源排放率为 5500.0g/s，烟气温度为373K，烟囱高度为100m，烟囱出口烟气排放速度为35.0m/s，烟囱出口内径为6.5m，气象数据采用 1993 年 7 月的气象数据。

4.5.2　AREMOD 模型要求

1. 基本数据要求

　　运行 AERMOD 扩散计算模块，至少需要建立一个文本格式的控制流文件(INP 文件)，该控制流文件中需要提供模型运行所需要的一些程序控制选项、污染源位置及参数、预测点位置、气象数据的引用及输出参数等。若考虑建筑物下洗，控制流文件中还需要建筑物几何参数数据。

　　此外，AERMOD 运行还需要有两个最基本的气象数据文件作为模型运算时所需的气象数据源，它们分别是地面气象数据文件(surface meteorological data file)及探空廓线数据文件(profile meteorological data file)，这两个文件都是由 AERMOD 配套的气象预处理程序 AERMET 生成的。如考虑地形的影响，还需在控制流文件中加入地形数据文件的引用，该文件由地形预处理模块 AERMAP 生成。

　　此外，还需要的数据包含：污染源所在位置的经纬度、地面湿度、地面粗糙度、反射率。污染源数据包括源的编码、源的几何参数、排放率等；AERMOD 可以处理点源、线源、面源、体源。预测点数据包括预测点的地理位置和高程。AERMOD 可以处理网格预测点和任意离散的预测点。所有源数据存储在 AERMOD.INP 文件中。运行扩散模型时，AERMOD 将对输入的数据格式进行有效性检查，生成错误报告及运行报告。

2. 污染源参数

　　AERMOD 可以处理的污染源包括点源、面源、体源三种，其中面源又分为规则形状的面源和不规则形状的面源。

　　对于点源源强，需要输入的参数有：点源排放率(g/s)、烟气温度(K)、烟囱高度(m)、烟囱出口烟气排放速度(m/s)、烟囱出口内径(m)。

　　对于规则形状面源源强，需要输入的参数有：面源排放率$[g/(s \cdot m^2)]$、高度(m)、长度(m)(东西方向)、宽度(m)(南北方向)、方向角。

　　对于不规则形状面源源强，需要输入的参数有：面源排放率$[g/(s \cdot m^2)]$、高度(m)、面源多边形顶点数、烟羽初始高度(m)、面源多边形顶点的坐标。

　　对于体源源强，需要输入的参数有：体源排放率(g/s)、高度(m)、体源初始长度(m)、体源初始宽度(m)。

3. AERMET 气象预处理器输入数据

AERMET 可以识别的数据有以下几种：中国气象局的标准小时数据，来自污染源附近的探空站的风况、温度、露点等探空数据，以及在污染源现场监测到的风况、温度、湍流、压力、太阳辐射等数据。

若要保证 AERMOD 正常运行，AERMET 所需的至少要测量或衍生的气象数据如下。

(1)气象数据：时间(年、月、日、时)、风速、风向、云量(低云量和总云量)、降水量、温度，以上数据至少都需要每日在低空测量两次。

(2)地表特征：需要输入 12 个风向上随季节变化的反射率、湿度和粗糙度。反射率是被地面反射的那一部分太阳辐射，粗糙度是地面以上水平风速为 0 处的高度，这些数据都可以根据地表状况表查到，只有在考虑地形时为必要数据。

(3)其他必须要输入的数据：污染源的经纬度、时区、风速仪的阈值及高度。

(4)选择输入的数据：太阳辐射、净辐射、垂向及横向湍流廓线等。

AERMET运行后会产生两个边界层参数文件，分别是地面气象数据文件(SFC文件)和探空廓线数据文件(PFL文件)。地面气象数据文件包括Monin-Obuhov长度、表面摩擦速度、表面灵敏热流、混合层高度、温度、对流速度尺度、风速、风向、位温梯度等边界层参数。探空廓线数据文件包括位势高度、温度、风向、风速、垂向及横向湍流脉动量等参数。用户可按需直接输入观测到的边界层参数，还可以直接对边界层参数文件进行编辑。

4. AERMAP 地形预处理器输入数据

AERMAP 输入的参数包括评价区域网格点或任意点的地理坐标和评价区域地形高程文件。其中，地形高程文件的地理范围必须大于评价区域。AERMAP 运行后会生成 AERMOD 所需的网格点或任意点的高度尺度、地形高程。

5. 计算结果处理

AERMOD 运算后输出的是一系列的数据，以 TXT 文件的形式存储下来，经处理后可以使用 ArcGIS 及 Surfer 软件进行后期处理作图，从而生成所需的污染物浓度等值线等图件，本书中使用 Surfer 软件进行后期处理作图。

6. 计算机硬件要求

硬件要求：Pentium4 的 CPU，256MB 或更大的内存，1000MB 以上的磁盘空间，安装 Windows 系统的 PC 机。

在模型的实际运行中发现，如果要将若干个点源、线源、面源和体源同时加入模型的预测计算中，则该模型系统对计算机资源的要求会变得相当高，提供模型的环境保护部环境工程评估中心环境质量模拟重点实验室建议使用的磁盘空间不低于 5GB。

4.5.3　AERMOD 模型应用

1. AERMET 预处理器

1）数据处理

AERMET 为 AERMOD 模型系统中配套的气象预处理模块。AERMET 进行气象预处理分为两步进行，第一步 Stage1n2 用于合并地面观测资料及 5000m 以下高空探测资料；第二步 Stage3 则是根据 Stage1n2 运行后所生成的合并文件进行计算从而生成 AERMOD 中所需的逐时气象参数数据文件。

运行 AERMET 预处理器首先需要收集污染源当地的地面观测数据和探空数据，本案例所用数据为 1993 年 7 月的气象数据。

地面观测数据与探空数据所需测量的参数及书写格式都有固定的模式，只有按固定模式书写的数据才能被 AERMET 识别，具体如图 4.17 所示。第一行的参数从左到右依次为测量日期及时间、降水量、海平面压力、测点压力、云层高度、总云量/低云量、1 层云层状况、2 层云层状况、3 层云层状况、4 层云层状况、5 层云层状况。第二行的参数从左到右依次为 6 层云层状况、天气代码（临近地）、天气代码、ASOS 天气、ASOS 高度、水平可见度、干球温度、湿球温度、露点温度、相对湿度、风向、风速。

```
93070100        -9 10175 10037     20 01010 09999 00300 00300 00300 00300
        00300 09999 00000 00099 00999 99999    211    167    139    64    5    26
```

图 4.17　地面观测数据参数示例图

如表 4.7 所示，每天的探空数据由 28 层数据组成，每层的数据有 6 个参数，分别是大气压、距地面高度、干球温度、露点温度、风向（正北偏东度数）、风速。

表 4.7　探空数据参数示例表

层数	大气压/10mbar	距地面高度/m	干球温度/10℃	露点温度/10℃	风向（北偏东度数）	风速/(10m/s)
1	10110	0	160	140	0°	0
2	10080	25	163	115	3°	10
3	10000	93	158	120	11°	20
4	9850	221	158	114	25°	50
5	9730	326	172	103	37°	50
6	9530	505	168	88	57°	50
7	9500	531	168	88	57°	50
8	9250	757	154	74	61°	50
9	9000	989	134	58	58°	60
10	8660	1315	106	36	50°	50
11	8500	1468	101	4	38°	40
12	8140	1828	69	6	19°	30

续表

层数	大气压/10mbar	距地面高度/m	干球温度/10℃	露点温度/10℃	风向(北偏东度数)	风速/(10m/s)
13	8000	1969	55	11	360°	30
14	7910	2066	47	16	347°	30
15	7810	2160	43	−18	336°	30
16	7770	2210	48	−76	330°	40
17	7650	2335	49	−88	318°	40
18	7500	2494	43	−117	315°	40
19	7310	2702	35	−156	313°	50
20	7000	3053	15	−173	315°	60
21	6790	3296	0	−181	323°	60
22	6530	3610	−18	−211	340°	60
23	6500	3645	−18	−211	340°	60
24	6160	4070	−22	−220	327°	70
25	6000	4282	−31	−228	319°	70
26	5900	4416	−37	−233	318°	70
27	5500	4961	−69	−260	318°	90
28	5000	5702	−111	−295	320°	100

2）编辑控制流文件

AERMET 气象预处理器由两个部分组成，一个是 Stage1n2 模块，另一个是 Stage3 模块。

Stage1n2 的运行由一个控制流文件 Stage1n2.inp 控制，控制流文件可由 Word、记事本或写字板编辑。控制流文件由五部分组成：①JOB，指定输出文件名；②UPPERAIR，指定高空数据文件；③SURFACE，指定地面数据文件；④ONSITE，指定现站补充监测数据文件，此为可选项；⑤MERGE，指定合成的数据文件名。

具体如下。

（1）JOB 段：

JOB	JOB 段开始标志。
REPORT　EX05_S2.RPT	指定输出的运行报告文件名。
MESSAGES EX05_S2.ERR	指定输出的错误报告文件名。

（2）UPPERAIR 段：

UPPERAIR	UPPERAIR 段开始标志。
QAOUT　EX05_UA.OQA	指定高空数据文件名。

（3）SURFACE 段：

SURFACE	SURFACE 段开始标志。
QAOUT　EX05_SF.OQA	指定地面数据文件名。

（4）ONSITE 段：由于高空和地面数据均已输入，所以不需要再通过 ONSITE 输入现站补充监测数据文件。

（5）MERGE 段：

MERGE　　　　　　　　　　　　　　　MERGE 段开始标志。

OUTPUT　EX05_MR.MET　　　　　　　指定输出的合成气象数据文件名。

XDATES 93/07/01 93/07/31　　　　　　说明抽取气象数据的时间段。

　　至此，Stage1n2 模块控制流文件的输入全部结束，接下来是 Stage3 模块的使用，与 Stage1n2 模块一样，Stage3 模块的运行同样由一个控制流文件 Stage3.inp 控制，控制流文件由两部分组成：①JOB，指定输出文件名；②METPREP，气象文件的处理选项。

　　具体如下。

　　（1）JOB 段：

JOB　　　　　　　　　　　　　　　　JOB 段开始标志。

REPORT　　EX05_S3.RPT　　　　　　　指定输出的运行报告文件名。

MESSAGES EX05_S3.ERR　　　　　　　指定输出的错误报告文件名。

　　（2）METPREP 段：

METPREP　　　　　　　　　　　　　　METPREP 段开始标志。

DATA　EX05_MR.MET　　　　　　　　将 Stage1n2 产生的文件输入。

OUTPUT　EX05_MP4.SFC　　　　　　　指定输出的地面气象参数文件名。

PROFILE　EX05_MP4.PFL　　　　　　　指定输出的高空廓线气象参数文件名。

XDATES 93/07/01 93/07/31　　　　　　指定输出的气象数据时间段。

LOCATION 99999 75.08W 40.91N 5　　　指定气象台站标识、经纬度及时差。

METHOD REFLEVEL SUBNWS　　　　　若缺少现站观测数据,采用当地气象台站（NWS）

数据。

METHOD STABLEBL BULKRN　　　　　指定输出风向在 10°范围内随机选择。

NWS_HGT WIND 6.1　　　　　　　　　指定当地气象台站（NWS）地面测风高度。

FREQ_SECT　SEASONAL　1　　　　　　指定按季度输入地表参数，每季一组参数。

SECTOR 1　0　360　　　　　　　　　　指定 0~360°均为同 1 扇区地表参数。

SITE_CHAR　1　1　0.56　1.50　0.13

SITE_CHAR　2　1　0.16　0.43　0.29

　　指定各组地面对应地表参数：从左至右依次为季度、扇区编号、反照率、波纹率、地表粗糙度。

SITE_CHAR　3　1　0.16　0.56　0.40

SITE_CHAR　4　1　0.18　0.89　0.21

　　3）使用 AERMET 合并文件

　　控制流文件编辑完成后先运行 Stage1n2.exe 文件，再运行 Stage3.exe 文件，最终将会输出控制流文件的 RPT 运行报告文件、ERR 错误报告文件、SFC 地面气象参数文件及 PFL 高空廓线气象参数文件，SFC 地面气象参数文件及 PFL 高空廓线气象参数文件将在之后运行的 AERMOD 模块中使用。

2. AERMAP 预处理器

1）编辑控制流文件

AERMAP 为 AERMOD 模型系统中的地形预处理模块。运行同样是由一个控制流文件 aermap.inp 控制。控制流文件由四部分组成：①CO（control options），指定程序控制选项；②SO（source information），指定污染源点（可选项）；③RE（receptor information），指定接收点信息；④OU（ouput options），指定输出文件。

具体如下。

（1）CO 段：

CO STARTING　　　　　　　　　　　　　　　CO 段开始标志。

TITLEONE　　Using Durham NW DEM data file　　指定标题名。

DATATYPE　　DEM7　　　　　　　　　　指定输入的 DEM 地形数据的类型。

DATAFILE　　nwDurham.dem

DATAFILE　　neDurham.dem

DATAFILE　　seDurham.dem

DATAFILE　　swDurham.dem　　　　　指定输入的地形数据的文件名。

DOMAINXY　　683500.0 3990500.0 17 686500.0 3993500.0 17　　以 UTM 的 XY 坐标形式定义所处理的区域范围，此数据为西南角坐标 (x, y, z) 和最东北角坐标 (x, y, z)。

ANCHORXY　　0.0　0.0　685000.0 3992000.0 17 1　　　　用户定义的坐标原点与 UTM 的关系。数据为用户定义的原点坐标与其对应的 UTM 原点坐标及所在地区码。

RUNORNOT　　RUN　　　　　　　　设定是否执行模型计算。

CO FINISHED　　　　　　　　　CO 段结束标志。

（2）RE 段：

CO STARTING　　　　　　　　　RE 段开始标志。

GRIDPOLR POL1 STA　　　　　开始对 POL1 网格进行设定。

POL1 ORIG　　0.0　　0.0　　定义坐标原点。

POL1 DIST　　100.　200.　300.　500.　1000.　　定义网格间距。

POL1 GDIR　　36　10.　10.　定义输出角度数、起始角度、角度间隔。

GRIDPOLR POL1 END　　　　对 POL1 网格设定结束。

RE FINISHED　　　　　　　　RE 段结束标志。

（3）OU 段：

OU STARTING　　　　　　　　OU 段开始标志。

RECEPTOR　AERMAP.REC　　指定输出文件名。

OU FINISHED　　　　　　　　OU 段结束标志。

2）使用 AERMAP 处理地形文件

控制流文件编辑完成后即可运行 AERMAP 预处理器，最终将会输出一个 REC 网格文件，该文件不可被用户打开，仅可作为地形处理文件被 AERMOD 识别，用于计算建筑物下洗。

3. AERMOD 模型

1) 确定污染源参数

AERMOD 模型的运行需要输入对应污染源的一些参数，包括污染源类型、坐标、排放速率、排放源高度、烟气温度、烟气出口流速及烟囱内径等。本案例中，将污染源简化为一个点源，坐标定于原点，即 (0,0,0)，主要排放污染物为 SO_2，半衰期为 14400s，点源排放率为 5500.0g/s、烟气温度为 373K、烟囱高度为 100m、烟囱出口烟气排放速度为 35.0m/s、烟囱出口内径为 6.5m。

2) 编辑控制流文件

AERMOD 的运行同样是由一个控制流文件 aermod.inp 控制。控制流文件由五部分组成：①CO，指定输入的各种模型控制命令；②SO，指定各类污染源数据信息；③RE，指定接收点 (离散点/网格点) 信息；④ME，指定气象数据信息；⑤OU，指定输出文件的格式和内容。

具体如下。

(1) CO 段：

CO STARTING　　　　　　　　　　　　　　　　CO 段开始标志。

CO TITLEONE　　Example　　　　　　　　　　指定标题 1 的名字。

CO TITLETWO　　Urban Dispersion Model　　　指定标题 2 的名字。

CO MODELOPT　DFAULT　CONC　FLAT　　设定扩散计算选项，DFAULT 表示采用扩散计算的缺省选项，CONC 表示计算浓度值，FLAT 表示平坦地形。

CO AVERTIME　　1　24　　PERIOD　设定浓度计算平均时间为小时平均，24h 平均，全时段平均。

CO POLLUTID　　SO_2　　　　　　　　　定义污染物名字。

CO HALFLIFE　　14400　　　　　　　　　定义污染物半衰期，非必选项，单位 s。

CO FLAGPOLE　　0.0　　　　　　　　　　定义接收点距地面高度，非必选项，单位 m。

CO RUNORNOT　RUN　　　　　　　　　设定是否执行模型计算。

CO ERRORFIL ERRORS.OUT　　　　　　　指定程序错误信息输出文件名。

CO FINISHED　　　　　　　　　　　　　CO 段结束标志。

(2) SO 段：

SO STARTING　　　　　　　　　　　　　SO 段开始标志。

SO LOCATION STACK1 POINT　0.0　0.0　0.0　　　定义污染源类型与位置，STACK1 为污染源编号，POINT 为污染源类型，0.0　0.0　0.0 为污染源的 x, y, z 坐标。

SO SRCPARAM STACK1 5500.0　100.0　373.0　35.0　6.5　　定义污染源参数，STACK1 为编号；5500.0 为排放速率，单位 g/s；100.0 为排放源高度，单位 m；373.0 为烟气温度，单位 K；35.0 为烟气出口流速，单位 m/s；6.5 为烟囱内径，单位 m。

SO SRCGROUP　　All　　　　　　　　　将所有污染源编成一组 (可设立多个污染源)。

SO FINISHED　　　　　　　　　　　　　SO 段结束标志。

（3）RE 段：

RE STARTING			RE 段开始标志。
RE DISCCART	50.00	−50.00	0
RE DISCCART	0.00	50.00	0
RE DISCCART	−50.00	−50.00	0
RE DISCCART	50.00	−50.00	0　定义离散的预测点，从左到右为 x,y,z 坐标。
RE GRIDCART	CG1	sta	

开始以直角坐标系形式定义预测网格点，其中 CG1 为网格编号，可自定义命名。

RE GRIDCART　CG1　xyinc　−5000　21　500　−5000　21 500　　使用 x，y 轴形式定义预测网格（仅用于预测地面浓度），x 方向上从−5000m 处开始，共计算 21 个网格点，网格间距为 500m，y 方向上从−5000m 处开始，共计算 21 个网格点，网格间距为 500m。

RE GRIDCART　　CG1　　end　　　　　结束以直角坐标系形式定义预测网格点。
RE FINISHED　　　　　　　　　　　　RE 段结束标志。

（4）ME 段：

ME STARTING　　　　　　　　　　　ME 段开始标志。
ME SURFFILE　EX05_MP4.SFC　　　指定预测所使用的地面气象数据文件名。
ME PROFFILE　EX05_MP4.PFL　　　指定预测所使用的垂直气象数据文件。
ME SURFDATA　99999 1993　UNK　说明地面气象数据来源台站编号、数据时间、台站名称。

ME UAIRDATA　99999 1993　UNK　说明探空气象数据来源台站编号、数据时间、台站名称。

ME STARTEND 93 07 01 93 07 30　定义预测的起止时段。
ME PROFBASE　0.0　　　　　　　　定义温度势剖面基准标高，单位 m。
ME FINISHED　　　　　　　　　　ME 段结束标志。

（5）OU 段：

OU STARTING　　　　　　　　　　　OU 段开始标志。
OU RECTABLE　ALLAVE　1st-2nd　　输出各预测点的最大值和次大值，最多可输出第十大值。

OU PLOTFILE　1　all 1st　hour_so2_1st.txt　指定小时平均最大浓度值输出文件名。
OU PLOTFILE　1　all 2nd　hour_so2_2nd.txt　指定小时平均次大浓度值输出文件名。
OU PLOTFILE　24　all 1st　day_so2_1st.txt　指定 24h 平均最大浓度值输出文件名。
OU PLOTFILE　24　all 2nd　day_so2_2nd.txt　指定 24h 平均次大浓度值输出文件名。
OU PLOTFILE　period　all　average_So2.txt 指定总平均浓度值输出文件名。
OU FINISHED　　　　　　　　　　　OU 段结束标志。

3）运算 AERMOD 模型

运行 AERMOD 后，计算机将自动模拟污染物的扩散过程，最后根据控制流文件输出指定的文件，一般情况下只需指定输出预测点污染物平均浓度分布数据、预测点小时最大/次大浓度数据及预测点 24h 最大/次大浓度数据，本案例用到的是其中的预测点污染物平均浓度分布数据。

4.5.4　结果分析

1. 地面浓度分析

由于人们日常生活大多集中在地面，因此在大气环境影响预测中人们更关心污染物排放对近地面的影响。

1)计算地面浓度数据

按照上述示例编辑完成 AERMET 及 AERMOD 的控制流文件后进行运算，即可得到污染物在地面的浓度分布数据，其文件名为 average_So2.txt。

如图 4.18 所示，average_So2.txt 文件打开后最上方部分为之前在 AERMOD 控制流文件中设置的部分参数值，之后的多行数据则是 AERMOD 模型预测的污染物地面浓度分布数据。其中最前面的四个数据为用户在 AERMOD 控制流文件中设置的关心点浓度数据，之后则是用户设置的网格中各网格点的浓度数据。数据的第一列"X"为"X"轴方向坐标值，第二列"Y"为"Y"轴方向坐标值，第三列"AVERAGE CONC"为平均浓度值，第四列"ZELEV"为预测点标高，第五列"ZHILL"为预测点高度尺度，第六列"ZFLAG"为预测点高度，第七列"AVE"为平均值的平均周期，此处的 PERIOD 表示平均浓度值为整个预测时间段的浓度平均值，第八列"GRP"为组别，第九列"NUM HRS"为预测时间段的总小时数，第十列"NET ID"为组名。

```
* AERMOD (04300): Aermod Evaluation Example,  test by  ACEE
* MODELING OPTIONS USED:
*  CONC                 DFAULT ELEV   FLGPOL
*        PLOT FILE OF PERIOD VALUES FOR SOURCE GROUP: ALL
*        FOR A TOTAL OF   445 RECEPTORS.
*        FORMAT: (3(1X,F13.5),3(1X,F8.2),2X,A6,2X,A8,2X,I8.8,2X,A8)
*       X             Y         AVERAGE CONC    ZELEV     ZHILL     ZFLAG    AVE    GRP      NUM HRS   NET ID
*
      50.00000    -50.00000       0.00046       0.00      0.00      0.00   PERIOD  ALL     00000720
       0.00000     50.00000       0.00013       0.00      0.00      0.00   PERIOD  ALL     00000720
     -50.00000    -50.00000       0.00109       0.00      0.00      0.00   PERIOD  ALL     00000720
      50.00000    -50.00000       0.00046       0.00      0.00      0.00   PERIOD  ALL     00000720
   -5000.00000  -5000.00000       4.91138       0.00      0.00      0.00   PERIOD  ALL     00000720   CG1
   -4500.00000  -5000.00000       4.68194       0.00      0.00      0.00   PERIOD  ALL     00000720   CG1
   -4000.00000  -5000.00000       4.34618       0.00      0.00      0.00   PERIOD  ALL     00000720   CG1
   -3500.00000  -5000.00000       3.86358       0.00      0.00      0.00   PERIOD  ALL     00000720   CG1
   -3000.00000  -5000.00000       3.34448       0.00      0.00      0.00   PERIOD  ALL     00000720   CG1
   -2500.00000  -5000.00000       2.89275       0.00      0.00      0.00   PERIOD  ALL     00000720   CG1
   -2000.00000  -5000.00000       2.58516       0.00      0.00      0.00   PERIOD  ALL     00000720   CG1
   -1500.00000  -5000.00000       2.52842       0.00      0.00      0.00   PERIOD  ALL     00000720   CG1
   -1000.00000  -5000.00000       2.96965       0.00      0.00      0.00   PERIOD  ALL     00000720   CG1
    -500.00000  -5000.00000       4.20594       0.00      0.00      0.00   PERIOD  ALL     00000720   CG1
       0.00000  -5000.00000       6.22465       0.00      0.00      0.00   PERIOD  ALL     00000720   CG1
     500.00000  -5000.00000       8.29865       0.00      0.00      0.00   PERIOD  ALL     00000720   CG1
    1000.00000  -5000.00000       9.82828       0.00      0.00      0.00   PERIOD  ALL     00000720   CG1
    1500.00000  -5000.00000      10.51162       0.00      0.00      0.00   PERIOD  ALL     00000720   CG1
    2000.00000  -5000.00000      10.81414       0.00      0.00      0.00   PERIOD  ALL     00000720   CG1
    2500.00000  -5000.00000      10.97939       0.00      0.00      0.00   PERIOD  ALL     00000720   CG1
    3000.00000  -5000.00000      11.15284       0.00      0.00      0.00   PERIOD  ALL     00000720   CG1
    3500.00000  -5000.00000      11.22421       0.00      0.00      0.00   PERIOD  ALL     00000720   CG1
    4000.00000  -5000.00000      11.10820       0.00      0.00      0.00   PERIOD  ALL     00000720   CG1
    4500.00000  -5000.00000      10.68965       0.00      0.00      0.00   PERIOD  ALL     00000720   CG1
    5000.00000  -5000.00000      10.05905       0.00      0.00      0.00   PERIOD  ALL     00000720   CG1
   -5000.00000  -4500.00000       5.47190       0.00      0.00      0.00   PERIOD  ALL     00000720   CG1
   -4500.00000  -4500.00000       5.22745       0.00      0.00      0.00   PERIOD  ALL     00000720   CG1
   -4000.00000  -4500.00000       4.94200       0.00      0.00      0.00   PERIOD  ALL     00000720   CG1
   -3500.00000  -4500.00000       4.53645       0.00      0.00      0.00   PERIOD  ALL     00000720   CG1
   -3000.00000  -4500.00000       3.99811       0.00      0.00      0.00   PERIOD  ALL     00000720   CG1
   -2500.00000  -4500.00000       3.44365       0.00      0.00      0.00   PERIOD  ALL     00000720   CG1
   -2000.00000  -4500.00000       2.99715       0.00      0.00      0.00   PERIOD  ALL     00000720   CG1
   -1500.00000  -4500.00000       2.78015       0.00      0.00      0.00   PERIOD  ALL     00000720   CG1
   -1000.00000  -4500.00000       3.05971       0.00      0.00      0.00   PERIOD  ALL     00000720   CG1
```

图 4.18　污染物地面浓度分布数据文件(记事本)(部分)

2) 绘制地面浓度等值线分布图

要想绘制浓度等值线分布图首先需要将已有的地面浓度数据转换成一个 Surfer 可识别的网格文件，将 AERMOD 运算得到的污染物地面浓度分布数据文件中所有数据的前三列依次复制到 Excel 或 WPS 表格软件中。

如图 4.19 所示，先分别在 Excel 的第一行前三个空格中键入“x、y、c”，之后将地面浓度分布数据文件中的“X、Y、AVERAGE CONC”三列数据分别复制到对应的“x、y、c”下，保存该 WPS 表格文件，命名为“地面平均浓度.xlsx”。

	1	2	3	4	5	6
1	x	y	c			
2	50	-50	0.00046			
3	0	50	0.00013			
4	-50	-50	0.00109			
5	50	-50	0.00046			
6	-5000	-5000	4.91138			
7	-4500	-5000	4.68194			
8	-4000	-5000	4.34618			
9	-3500	-5000	3.86358			
10	-3000	-5000	3.34448			
11	-2500	-5000	2.89275			
12	-2000	-5000	2.58516			
13	-1500	-5000	2.52842			
14	-1000	-5000	2.96965			
15	-500	-5000	4.20594			
16	0	-5000	6.22465			
17	500	-5000	8.29865			
18	1000	-5000	9.82828			
19	1500	-5000	10.51162			
20	2000	-5000	10.81414			
21	2500	-5000	10.97939			
22	3000	-5000	11.15284			
23	3500	-5000	11.22421			
24	4000	-5000	11.1082			
25	4500	-5000	10.68965			
26	5000	-5000	10.05905			
27	-5000	-4500	5.4719			
28	-4500	-4500	5.22745			
29	-4000	-4500	4.942			

Sheet1　Sheet2　Sheet3

图 4.19　部分污染物地面浓度分布数据文件（WPS 表格）

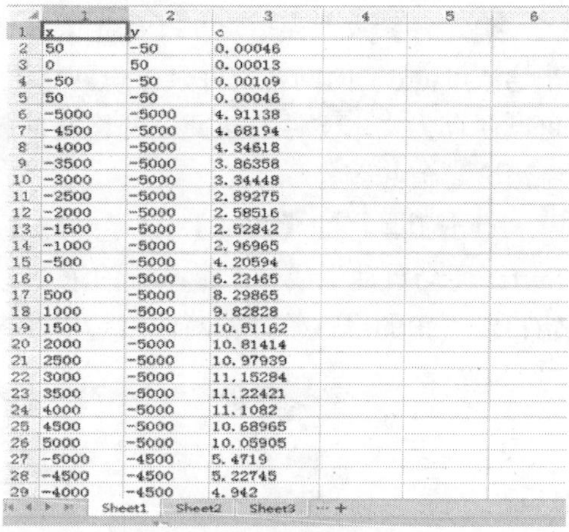

打开 Surfer 软件，点击工作栏中的【网格-数据】，或者直接点击工具栏中的【网格数据】按钮，打开之前保存的 WPS 表格文件。在弹出的网格数据参数设置窗口(图 4.20)中，【数据列信息】部分用来指定数据文件中含有 *X* 和 *Y* 坐标数据的列，以及 *Z* 值的列；【过滤数据】按钮是用于筛选数据集的；【查看数据】按钮可以显示一个工作表来预览所添加的数据；【统计】按钮用于为添加的数据打开一个统计报告；【网格报告】选项用于指定是否为数据网格化的过程创建一个统计报告并显示出来；【网格化算法】选项用于指定一个网格的插值算法，本案例中插值算法选择克里金插值法；【高级选项】按钮用来对所选择的插值算法的高级参数进行设置；【交叉验证】按钮是用来对插值算法进行质量评估的；【输出网格文件】编辑框用来确定生成网格文件的路径和文件名；【网格线几何特征】用于指定 *X*、*Y* 轴向的最大最小值限制，网格线的间隔和网格节点数；【数据包外网格自动空白】选项使数据区域以外的任何位置的网格点自动空白。

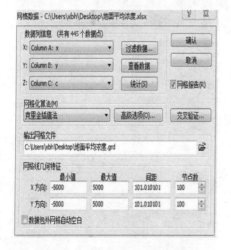

图 4.20　网格数据参数设置窗口

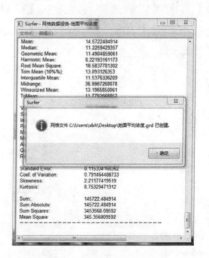

图 4.21　网格报告生成图

确定各参数无误后点击【确定】按钮，等待几秒后会自动生成一个文件名为"地面平均浓度.grd"的网格文件及一份网格报告，如图 4.21 所示，如有需要，该网格报告还可以保存为文本文件。至此，网格文件就创建完毕了，接下来可以根据这个网格文件绘制浓度等值线图。

点击工具栏的【图形】→【新建】→【等值线图】，打开之前建立的网格文件，Surfer 便会自动生成一个最基础的浓度等值线图，如图 4.22 所示，之后用户便可以通过窗口左下角的属性管理器对浓度等值线图的各参数进行更改来获得想要的最终效果图。

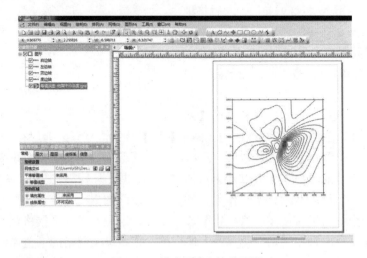

图 4.22　基础的浓度等值线图

如图 4.23 所示，窗口左下角的属性管理器中共有五个参数界面，其中【常规】界面可以对平滑等值线的线性及空白区域进行简单的编辑；【层次】界面可以对等值线的间隔、线条属性、等值线颜色等进行设置；【图层】界面可以修改透明度；【坐标系】界面可以修改坐标系统；【信息】界面则需要下载额外的扩展包才可使用。一般情况下，五个参数界面中只有【层次】界面是常用的，其余四个界面保持默认的参数设置即可。

图 4.23　图像属性管理器【层次】界面参数设置　　图 4.24　坐标轴图像管理器参数设置

在【层次】界面中，【常规设置】可以选择"分层方法"为"简易设置"或"高级设置"，修改最小等值线对应浓度值、最大等值线对应浓度值及等值线的间隔大小，此项设置可以更改基础等值线图的密集程度。若对修改结果不满意还可以选择【默认层次】中的"复位等值线层次"来快速恢复初始的设置。此外，用户还可以修改主要等值线的间隔大小，即每间隔多少条等值线便设置一条主要等值线，此选项可以为接下来对主要等值线和辅助等值线进行分别的参数设置提供便利。最后，还可以通过"字体的相关"属性来修改等值线中数字的字体、大小、前景色、前景色不透明度、背景色、背景色不透明度、粗体字、斜体字、删除线、下划线等参数。【等值线着色】可以选择是否填充等值线，并且可以对填充的颜色进行设置，用户可以使用软件已有的本地着色模式或者根据自己需要设置一个新的自定义着色模式，之后还可以选择是否显示比色刻度尺。此项参数设置较其他参数设置而言更为常用，因为着色后的浓度等值线图可以较为直观地观察出污染物扩散的情况。【主要等值线】和【辅助等值线】分别可以对主要等值线和辅助等值线的线条款式、线条颜色、线条不透明度及宽度进行设置，并且可以选择是否显示对应等值线的浓度值标注。

对图像的参数编辑完成后，还可以对图像周围的四条坐标轴进行编辑。首先在窗口左上角的对象管理器中选中要编辑的坐标轴，左下角会显示五个界面用于设置坐标轴的参数。其中，【常规】界面较为常用，可以设置坐标轴的线条款式、颜色、不透明度、宽度、轴平面、标题的位置、标题字体的相关属性、标注的显示与否、标注的位置、格式、标注字体的相关属性等(图 4.24)。【刻度】界面可以设置坐标轴主刻度的位置及长度、辅刻度的位置、长度及主刻度下辅刻度数。【缩放比例】界面可以设置坐标轴轴刻度的极小值、极大值、主刻度间隔、刻度位置及轴线的位置。【网格线】界面可以设置是否显示主要网格线和辅助网格线，以及主要网格线和辅助网格线的线条款式、颜色、不透明度、宽度等参数。【信息】界面需要下载额外的扩展包才可使用。

对上述的各参数进行适当的编辑后便生成了所需的等值线浓度图，如图 4.25 所示，虚线为辅助等值线，每条等值线间隔为 $5\mu g/m^3$。

3) 结论

本案例中，污染源被处理为设置在原点$(0，0)$处的一个烟囱点源，烟囱距地面高度为 100m，内径为 6.5m，烟气排放速率为 5500g/s，温度为 373K，出口流速为 35m/s。由 AERMOD 生成的平均浓度值文件及地面浓度等值线图可以知道，在当前的气象条件下，该点源排放出的 SO_2 扩散到地面后的浓度基本保持在 $2.5\sim75\mu g/m^3$，污染物主要的扩散方向为正东及东南方向。点源附近近地面的 SO_2 浓度相对较低，在相对点源坐标为 $(1300,300)$ 附近的浓度能达到 $75\mu g/m^3$ 以上。

2.不同高度水平面浓度分析

1)计算不同高度水平面浓度数据

设定的烟囱距地面高度即为 100m，因此可以分析距地面 100m 高水平面浓度分布情况。为获得 100m 高处浓度数据，需在预测网格点中添加高度坐标，将 AERMOD 的控制流文件中 RE 段的 "RE GRIDCART CG1 xyinc –5000 21 500 –5000 21 500" 指令替换为如下指令。

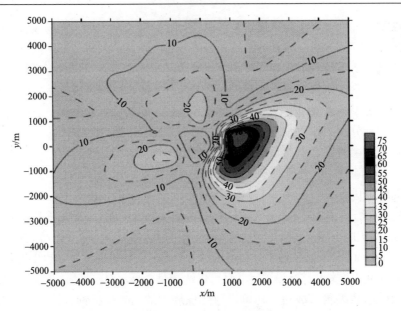

图 4.25　地面浓度等值线

　　RE GRIDCART CG1 XPNTS −5000. −4000. −3000. −2000. −1000. −500. 0. 500. 1000.
2000. 3000. 4000. 5000.指定预测网格的网格横坐标。

　　RE GRIDCART CG1 YPNTS −5000. −2500. 0. 2500. 5000. 指定预测网格的网格纵坐标。

　　RE GRIDCART CG1 ELEV 1 100. 100. 100. 100. 100. 100. 100. 100. 100. 100. 100.
100. 100.

　　RE GRIDCART CG1 ELEV 2 100. 100. 100. 100. 100. 100. 100. 100. 100. 100. 100.
100. 100.

　　RE GRIDCART CG1 ELEV 3 100. 100. 100. 100. 100. 100. 100. 100. 100. 100. 100.
100. 100.

　　RE GRIDCART CG1 ELEV 4 100. 100. 100. 100. 100. 100. 100. 100. 100. 100. 100.
100. 100.

　　RE GRIDCART CG1 ELEV 5 100. 100. 100. 100. 100. 100. 100. 100. 100. 100. 100.
100. 100.

　　指定预测网格各点标高，行数与纵坐标数相同，个数与横坐标数相同。

　　RE GRIDCART CG1 HILL 1 140. 140. 140. 140. 140. 140. 140. 140. 140. 140. 140. 140.
140.

　　RE GRIDCART CG1 HILL 2 140. 140. 140. 140. 140. 140. 140. 140. 140. 140. 140. 140.
140.

　　RE GRIDCART CG1 HILL 3 140. 140. 140. 140. 140. 140. 140. 140. 140. 140. 140. 140.
140.

　　RE GRIDCART CG1 HILL 4 140. 140. 140. 140. 140. 140. 140. 140. 140. 140. 140. 140.
140.

RE GRIDCART CG1 HILL 5 140. 140. 140. 140. 140. 140. 140. 140. 140. 140. 140. 140. 140.

指定预测网格各点高度尺度，行数与纵坐标数相同，个数与横坐标数相同。

RE GRIDCART CG1 FLAG 1 100. 100. 100. 100. 100. 100. 100. 100. 100. 100. 100. 100.

RE GRIDCART CG1 FLAG 2 100. 100. 100. 100. 100. 100. 100. 100. 100. 100. 100. 100.

RE GRIDCART CG1 FLAG 3 100. 100. 100. 100. 100. 100. 100. 100. 100. 100. 100. 100.

RE GRIDCART CG1 FLAG 4 100. 100. 100. 100. 100. 100. 100. 100. 100. 100. 100. 100.

RE GRIDCART CG1 FLAG 5 100. 100. 100. 100. 100. 100. 100. 100. 100. 100. 100. 100.

指定预测网格各点高度，行数与纵坐标数相同，个数与横坐标数相同。

按照以上方法修改控制流文件后运行 AERMOD，此时产生的 average_So2.txt 文本文档即为 100m 高水平面浓度分布数据。

2) 绘制不同高度水平面浓度等值线分布图

同样按照"地面浓度分析"中 2) 的方法，利用 Surfer 软件进行绘图，适当地调整等值线图及坐标轴各项参数后获得所需的等值线浓度图，如图 4.26 所示，虚线为辅助等值线，每条等值线间隔为 100μg/m³。

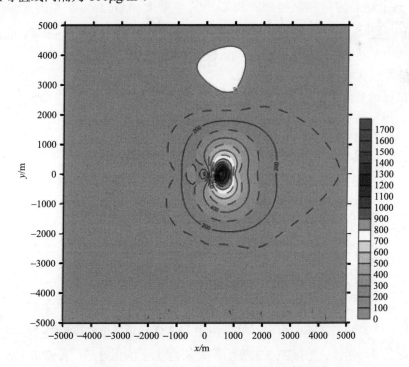

图 4.26 距地面 100m 高度水平面浓度等值线

3)结论

通过 AERMOD 生成的平均浓度值文件及地面浓度等值线图可以知道，当前气象条件下，该点源排放出的 SO_2 在 100m 高度水平面的扩散结果与地面扩散结果具有相似特征。该点源排放出的 SO_2 在 100m 高水平面扩散的浓度基本保持在 $0\sim1400\mu g/m^3$，污染物主要的扩散方向为正东。点源附近的 SO_2 浓度相对较低，在相对点源坐标为 (500,0) 附近的浓度最高达到 $1450\mu g/m^3$。

4.6　基于 FLUENT 软件的烟气扩散模拟

大气污染一直是人们关注的问题，特别是对于工矿、钢铁、电厂等拥有大型燃烧设备的企业。该节主要尝试运用 FLUENT 软件来模拟缩小尺寸下的企业烟囱的烟气迁移和扩散。

4.6.1　烟气扩散的几何建模和网格划分

1)利用 GAMBIT 软件构建几何模型

(1)启动 GAMBIT 软件，选择主界面 Solver 的求解器为 FLUENT 5/6。

(2)空间区域的建立。本案例将烟气实际的扩散空间按比例缩小到一个 6m×4m×2.5m 的长方形区域内。依次点击 Operation █→Geometry █→Volume █ 来建立。

(3)烟囱的建立。本案例将烟囱高度按比例缩小为高 1m，直径 65mm 的圆柱体，圆柱体底面与上述长方体底面接触，轴心距其左壁面 0.8m。依次点击 Operation █ →Geometry █→Volume █，再点击 Operation █→Geometry █→Volume █，将该圆柱体向 x 轴负方向移动 2.2m，向 z 轴负方向移动 1.25m。

2)划分求解区域

为了更好地划分网格，现将求解区域划分为如图 4.27 所示的三个部分。

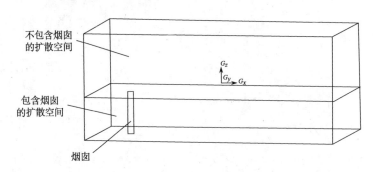

不包含烟囱
的扩散空间

G_z
G_y G_x

包含烟囱
的扩散空间

烟囱

图 4.27　求解区域划分图

(1)将扩散空间不含烟囱的部分分割出来。依次点击 Operation █→Geometry █ →Volume █，创建一个位于 XY 平面，边长为 8m 的正方形。再点击 Operation █

→Geometry →Face ，将生成的正方形向 Z 轴负方向平移 0.25m，使其于烟囱顶面重合。利用该平面分割扩散空间。依次点击 Operation →Geometry →Volume ，选择长方体扩散空间为被分割的体，分割方式 Split With 中选择"Face(real)"，用作分割的面选择刚才创建的正方形，但下方的选项中只选中"Connected"，即分割后不保留用来分割的正方形，且分割后的两个部分依然保持联通。最后点击【Apply】完成分割操作。

(2)将扩散空间含烟囱的部分与烟囱分隔开。利用烟囱将烟囱分割成两部分，从而将扩散空间含烟囱的部分与烟囱分隔开。依次点击 Operation →Geometry →Volume 选中扩散空间含烟囱的部分作为被分割的体，分割方式 Split With 中选择"Volumes(real)"，即用实体进行分割。用作分割的体选择烟囱，下方的选项中选中"Retain"和"Connected"，即分割后保留用来分割的烟囱，且使二者相连通。最后点击【Apply】完成分割操作。

(3)删除重合部分。扩散空间中原来烟囱所占的空间会被分割出来，该部分不是需要的，依次点击 Operation →Geometry →Volume ，选中该部分，将其删除即可。

3)网格划分

(1)对扩散空间的上半部分进行网格划分。依次点击 Operation →Mesh →Volume ，在 Volumes 后的文本框中选中扩散区域的上半部分，网格类型 Element 选择"Hex/Wedge"，Type 后选择"Cooper"（制桶模式），此时在下方的 Sources 面保持默认。选择分割方式为"interval count"，其大小设为"30"，即按给定的节点数量分割。保持其他默认设置，点击【Apply】，完成对该部分的网格划分。

(2)对扩散空间的下半部分进行网格划分。用同样的方法，依次点击 Operation →Mesh →Volume ，打开对话框中 Volumes 选择扩散空间的下半部分，Element 后选择"Hex/Wedge"，Type 后选择"cooper"，Sources 面保持默认，分割方式选择"interval count"，其大小设为"25"。点击【Apply】，完成对该部分的网格划分。

(3)对烟囱进行网格划分。方法完全同上，Volumes 选择"烟囱"，分割方式选择"interval count"，其大小设为"10"。点击【Apply】，完成对该部分的网格划分。

4)网格质量检查

点击 Global Control 一栏下的 图标。Display 下点选"Range"，检验指标 Quality Type 下选择"EquiSize Skew"。EquiSize Skew 通过单元大小计算网格的歪斜度，其值为 0~1，0 为质量最好，1 为质量最差。2D 质量好的单元该值最好在 0.1 以内，3D 单元在 0.4 以内。所以在 Lower 后输入歪斜度下限"0"，Upper 后输入歪斜度上限"0.4"，回车，可以看到显示出 Active Element 后的百分比为 99.92%，可见网格的质量非常好。

5)边界定义

最后对求解区域的边界进行定义。本例中需要定义的边界如图 4.28 所示。

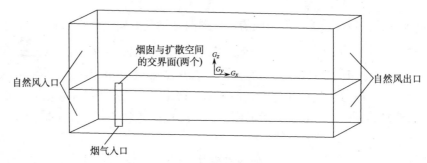

图 4.28　边界定义图

各边界的类型如下：①自然风入口，velocity inlet；②自然风出口，outflow；③烟气入口，velocity inlet；④烟囱与扩散空间的交界面(两个)，interface。

依次点击 Operation ⊞→Zones ⊞，点选"add"，逐一加入需要设定的边界条件即可。注意：烟囱与扩散空间交接的 interface 面有两个，这两个面完全重合，都位于烟囱的上顶面。

6)输出网格文件

点击【File】→【Export】→【Mesh】，在弹出的对话框中给定文件的名字(也可以采用默认的文件名)，点击【Apply】生成网格文件。

4.6.2　网格文件导入与网格操作

该节操作在 FLUENT 软件界面中的 File 和 Grid 菜单中进行。

1)导入网格文件

双击 FLUENT 图标，弹出对话框中的 Versions 下选择"3D"，运行 FLUENT。在主界面点击【File】→【Read】→【Case】，选择刚才生成的网格文件(.msh)，点击【OK】导入。

2)检查网格文件

文件导入后需要对网格划分的正确性进行检查，保证网格的最小体积不小于 0，即网格的体积不能是负的。点击【Grid】→【Check】，观察显示窗口输出数据中的 minimum volume (m^3) 一项是否大于等于 0，否则需要返回去重新划分网格。

3)设置计算区域尺寸

【Grid】→【Scale】，FLUENT 默认单位是 m，如果在 GAMBIT 作图时使用了 mm、cm 或 in 等其他单位，需利用 Scale Grid 对计算域进行缩放。

4)显示网格

【Display】→【Grid】。

4.6.3　模型相关的定义操作

该节操作在 FLUENT 软件界面的 Define 菜单中进行。

1)定义求解模型

首先对模型计算的求解器进行定义，点击【Define】→【Models】→【Solver】

保持所有默认设定，点击【OK】完成设定。定义湍流模型。点击【Define】→【Models】→【Viscous】，弹出【Viscous Model】对话框。本模型的计算选择的 Model 为 k-epsilon 模型。保持默认设置，点击【OK】完成设置即可。

2）定义运输模型

本例计算时需要引入运输模型。依次点击【Define】→【Models】→【Species】，打开 Species Model 运输模型选择"Species Transport"，Mixture Material 下选择"carbon-monoxide-air"，即模拟碳氧化物在空气中的扩散。保持其他默认设置，点击【OK】完成设置。可以发现，完成后系统会提示此时的流动介质已经变为了碳氧化物和空气的混合气体。

3）定义求解环境

点击【Define】→【Operating Conditions】，显然本例不需要考虑气体重力，所以保持默认设定，点击【OK】即可。

4）定义边界条件

点击【Define】→【Boundary Conditions】，先设置自然风入口的边界条件。在对话框中选中"velocity_inlet.1"，点击【Set】，弹出【Velocity Inlet】。Velocity Magnitude（入口的速度大小）设为 2m/s，即自然风以 2m/s 的速度进入，turbulence（湍流设置）下选择"Intensity and Hydraulic Diameter"，设置湍流强度为 10%，水力直径为 3.07m。其中，水力直径等于过流面积除以湿周长度乘以 4。接下来需要设置气体的组成和温度。选择【Thermal】选项卡，由于自然风认为是常温下的空气，温度默认为 300K 即可。选择【Species】选项卡，由于自然风成分为空气，这里默认各成分全为零即可。设置好后点击【OK】。用同样的方法对烟气入口的属性进行设定。【Momentum】选项卡下设置速度为 4m/s，水力直径为 0.065m；【Thermal】选项卡下设置温度为 320K；【Species】选项卡下设置 CO_2 的质量分数为 0.22，点击【OK】完成设置。其他边界条件保持默认设置即可。

5）定义 Interface 交界面

点击【Define】→【Grid Interfaces】，将新建的交界面命名为"InterfaceA"，在 Interface Zone 1 下选择"Interface.4"，在 Interface Zone 2 下选择"Interface.5"，然后点击【Create】创建该交界面。之后点击【Close】关闭对话框。

4.6.4　控制方程求解方法的设置及控制

1）求解参数的设置

点击【Solve】→【Controls】→【Solution】，保持所有默认设置，即选择默认的一阶迎风格式和 SIMPLE 算法，点击【OK】即可。

2）数据初始化

点击【Solve】→【Initialize】→【Initialize】，保持所有默认设置，点击【Init】进行数据初始化，完成后关闭对话框。

3）设置残差图

点击【Solve】→【Monitors】→【Residual】。Options 中勾选"Plot"，即显示残差图，并把下方的残差收敛标准都改为 0.00001，点击【OK】。

4）保存当前的 Case 文件

依次点击【File】→【Write】→【Case】。

5）迭代计算

点击【Solve】→【Iterate】设置最迭代次数为"1000"，点击【Iterate】开始迭代计算。大约迭代 400 后残差收敛，整个过程的计算时间大约 20min。

6）保存计算后的 Case 和 Data 文件

依次点击【File】→【Write】→【Case&Data】。

4.6.5 计算结果的处理与分析

依次点击【Surface】→【Iso-Surface】，在 Surface of Constant 下拉列表中选择"Grid"，选择"Y-Coordinate"，Iso-Surface 下输入 0，点击【Create】，创建 $y=0$ 平面。用同样的方法，选择"Z-Coordinate"，Iso-Surface 下输入−0.1，创建 $z=-0.1$ 平面。然后点击【Display】→【Contours】，在 Contours of 下拉列表中选择"Species"，选择"Mass fraction of CO_2"，然后在 Surfaces 下拉列表中分别选择 $y=0$ 和 $z=-0.1$ 这两个面，点击【Display】显示出 $y=0$ 平面和 $z=-0.1$ 平面的扩散图，如图 4.29 和图 4.30 所示。

图 4.29　$y=0$ 平面扩散图　　　　　　图 4.30　$z=-0.1$ 平面扩散图

控制烟气速度 $V_{fume}=4m/s$ 不变，分别取风速为 1m/s、2m/s、3m/s，绘制 x 轴方向上的烟气扩散浓度分布图，如图 4.31 所示。

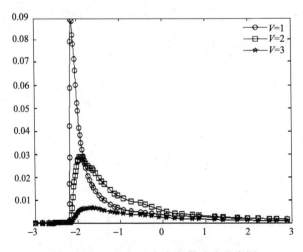

图 4.31　$V_{fume}=4m/s$ 烟气扩散浓度分布图

　　控制风速 V_{air}=2m/s 不变，分别取烟气排放速度为 2m/s、3m/s、4m/s，绘制 x 轴方向上的烟气扩散浓度分布图，如图 4.32 所示。

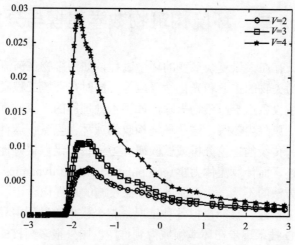

图 4.32　V_{air}=2m/s 烟气扩散浓度分布图

第 5 章　环境构筑物数学建模与分析

环境工程领域，存在大量复杂多变的环境过程，如污染物在河流和地下水中的迁移和转化、城市大气污染物的扩散和光化学反应等。同时在环境工程实践中，也发展了许多环境构筑物或环境设备用于污染物去除，如污水处理厂的平流式沉淀池、卡鲁塞尔氧化沟、工业领域的旋风除尘器等。这些环境构筑物或环保设备在运行过程中均涉及复杂的流体流动和传质。传统的理论分析或试验研究方法仍不足以很好地对其内部环境变化的过程进行定量描述，而计算流体力学(computational fluid dynamics，CFD)方法可以弥补理论分析和试验方法的不足，从而促进对环保设施的最优化设计。CFD 数值模拟的优点在于效率高、经济快速，且能模拟各种工况，整个模拟的过程中只需要一台电脑就可以完成。因此，CFD 技术逐步在环境领域得到推广。国外很多高校的环境工程本科专业也都开设了计算流体力学和传质计算等方面的课程，但国内高校的环境工程专业尚未开设此类课程。本章可引导学生初步掌握计算机模拟的方法，学会分析流场、污染物浓度场，提高学生解决环境问题的能力和效率，有利于对环境问题的深入理解和分析。

5.1　平流式沉淀池建模与分析

常规水处理工艺中，通过重力沉淀作用去除悬浮物(suspended solid，SS)是目前最常用的方法，沉淀池就是利用固、液相之间的密度差，使得密度大于液相的固相下沉，从而实现固液相分离的水处理构筑物，它担负着去除原水中大量悬浮物的任务，是必不可少的主体工艺，占到工程总体投资的 25%左右。平流式沉淀池是水处理中应用最早的沉淀池类型，结构简单，沉淀效果好，对冲击负荷和温度变化的适应能力较强，受风力影响较小，广泛应用于给水和污水处理中。但是在实际工程运行中也发现了一些问题，如涡流、异重流、进水分布不均匀或短流现象等，上述问题均会干扰沉淀池的正常运行，导致沉淀效果变差，从而影响整个水处理系统。通过采用 CFD 方法来模拟沉淀池的水流流态和悬浮物的时空分布特征，可找出限制性因素，从而优化池型结构或运行参数。

5.1.1　平流式沉淀池的几何建模和网格划分

平流式沉淀池的几何建模和网格剖分在 GAMBIT 软件中进行。

1. 平流式沉淀池的基本尺寸

本案例选取了一座平流式沉淀池作为原始模型，该池结构型式见图 5.1，设计尺寸如表 5.1 所示。

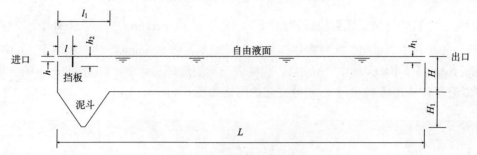

图 5.1　沉淀池结构简图

进口高度	池长	池深	出水口高度	挡板的水平距离	挡板深度	泥斗长度	泥斗高度
h	L	H	h_1	l	h_2	l_1	H_1
0.5	30	3	0.5	0.5	1	4.5	3.5

表 5.1　沉淀池尺寸表　　　　　　（单位：m）

为便于操作，把图 5.1 中沉淀池每一个控制点坐标保存在数据文件 tank.dat 中，如图 5.2 所示。

2. 基于 GAMBIT 的几何建模

依次点击【File】→【Import】→【Vertex Date】，选择数据文件 tank.dat，创建沉淀池计算区域的各控制点；将各个控制点连接成边，结果如图 5.3 所示。

3. 计算区域(面)划分

为便于网络划分，将计算区域划分为两个面。沉淀池面命名为 fluid，泥斗面命名为 mud。

图 5.2　沉淀池几何结构数据文件

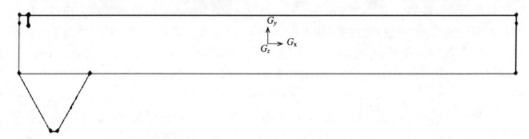

图 5.3　控制点连接成边

4. 网格划分

依次点击 Operation ⊞ →Mesh ▢ →Edge ✎，选中进水口线与出水口线，在 Interval count 左侧方框中输入"15"，单击【Apply】，重复以上操作，将挡板左右两根线设置为"30"，将挡板底部线设置为"5"。依次点击 Operation 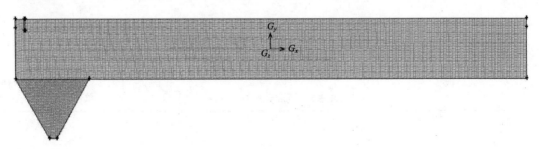→Mesh →Face ，Faces 选中"fluid"，网格划分类型选择矩形，将 Spacing 下的方框填上"0.05"，单击【Apply】；Faces 选中"mud"，网格划分类型选择三角形，将 Spacing 下的方框填上"0.05"，单击【Apply】。划分完成的网格如图 5.4 所示。

图 5.4　网格划分图

5. 网格质量检查

网格画好后需要对网格质量进行检查。点击 Global Control 一栏下的 图标。Display 下点选"Range"，选择"2D Element"，同时选中矩形和三角形按钮。检验指标 Quality Type 下选择"EquiSize Skew"。EquiSize Skew 是通过单元大小计算网格的歪斜度，其值为 0~1，0 表示质量最好，1 表示质量最差。2D 质量好的单元该值最好在 0.1 以内，3D 单元在 0.4 以内。所以在 Lower 后输入歪斜度下限"0"，Upper 后输入歪斜度上限"0.1"，回车，可以看到显示出 Active Element 后的百分比为 99.25%，即有 99.25% 的网格歪斜度落在 0~0.1，可见网格质量非常好，可以进行下一步操作。

6. 边界条件类型的指定

依次点击 Operation →Zones ，点选"add"加入新的边界条件。在 Type 下的条框中右键选择"VELOCITY_INLET"，长摁 Shift 键，点击进水口线，单击【Apply】建立该边界条件，命名为"inlet"。同样，操作设置出口线的 Type 为"PRESSURE_OUTLET"，命名为"outlet"；设置最上层自由液面线的 Type 为"SYMMETRY"，并命名为"waterface"。

其他未被指定的线会被默认定义为 Wall 类型。池身与污泥斗的连接线应设为内部线，但是因为在二维建模中连接线默认为内部线，所以不需要再进行设置。

7. mesh 网格文件的输出

点击【File】→【Export】→【Mesh】，勾选"Export 2-D(X-Y) Mesh"，修改文件名，单击【Accept】，输出 chendianchi.msh 文件。

5.1.2　网格文件导入与网格操作

该节操作在 FLUENT 软件界面中的 File 和 Grid 菜单中进行。

1. 导入网格文件

双击 FLUENT 图标，弹出对话框中的 Versions 下选择"2ddp"，运行 FLUENT。在主界面点击【File】→【Read】→【Case】，选择刚才生成的网格文件(chendianchi.msh)，点击【OK】导入。

2. 检查网格文件

文件导入后需要对网格划分的正确性进行检查，保证网格的最小体积不小于 0，即网格的体积不能是负的。点击【Grid】→【Check】，观察 minimum volume (m^3) 是否大于等于 0，若小于 0，则需要返回 GAMBIT 重新划分网格。

3. 设置计算区域尺寸

【Grid】→【Scale】，FLUENT 默认单位是 m，该案例保持默认设置即可。

4. 显示网格

【Display】→【Grid】，单击【Display】，显示当前划分网格。

5.1.3　模型相关的定义操作

该节操作在 FLUENT 软件界面中的 Define 菜单中进行。

1. 求解器的定义

点击【Define】→【Models】→【Solver】，该界面选择默认设置即可。

2. 多相流模型的定义

点击【Define】→【Models】→【Multiphase】，弹出【Multiphase Model】对话框，多相流模型选择"Eulerian"模型。保持默认两相设置，点击【OK】完成设置即可。

3. 湍流模型的定义

点击【Define】→【Models】→【Viscous】，弹出【Viscous Model】对话框。湍流模型选择"k-epsilon[2 eqn]"模型。保持默认设置，点击【OK】完成设置即可。

4. 流体物理性质的定义

点击【Define】→【Materials】，点击【Fluent Database】出现【Fluent Database Materials】对话框，在 Fluent Fluid Materials 中选择"water-liquid[h2o<l>]"，点击【Copy】，点击【Close】。最后在第一个对话框中点击【Change/Create】，添加液态水。在 Fluent Fluid

Materials 中选中"air"，Name 改为"particle"，密度设定为 1050kg/m³，黏度设定为"0.0331"，点击【Change/Create】，在确认对话框中选择"Yes"。

5. 两相选择

点击【Define】→【Phases】，选中"phase–1"，点击【set】，在 Phase Materials 中选中"water-liquid"，Name 改为"water"。同样操作将 phase-2 设定为"particle"，勾选"Granular"，Diameter 修改为 0.0001m，Granular Viscosity 修改为"syamlal-obrien"，Granular Bulk Viscosity 修改为"lun-et-al"，Frictional Viscosity 修改为"schaeffer"，其他保持默认设置，点击【OK】即可，如图 5.5 所示。

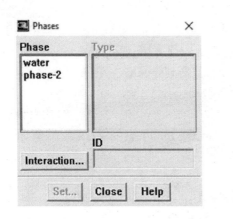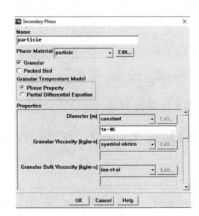

图 5.5　两相选择对话框

6. 操作环境的定义

点击【Define】→【Operating Conditions】。该案例需要考虑重力，勾选【Gravity】，将 Y[m/s²]输入"–9.81"，其他保持默认设置，点击【OK】即可。

7. 边界条件的定义

设置入口速度的边界条件。在对话框中选中"inlet"，默认 phase 为"mixture"，点击【Set】，弹出【Velocity Inlet】对话框。在 Specification Method 中选中"Intensity and Hydraulic Diameter"，将 Turbulent Intensity 修改为 5%，Hydraulic Diameter 修改为 0.5m，点击【OK】完成对入口处混合相设置。分别对 water 和 particle 两相进口处速度进行设置，phase1 液态水设置进口水流速度设为 0.2m/s；phase2 颗粒设置速度设为 0.3m/s，颗粒体积分数为 0.05。对混合两相的出口处压力进行设置，设置出口压力 101000pa，即静压为 0，在 Specification Method 中选中"Intensity and Hydraulic Diameter"，将 Turbulent Intensity 修改为 5%，Hydraulic Diameter 修改为 0.5m，其余保持默认设置，点击【OK】即可（图 5.6）。

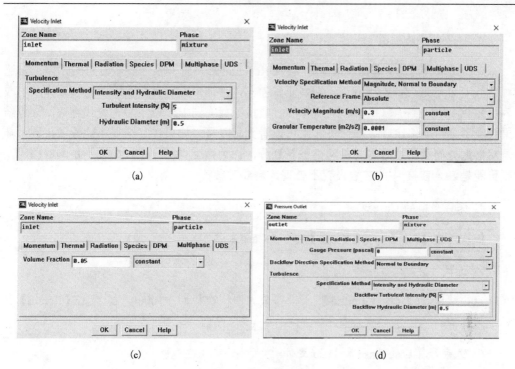

图 5.6 边界条件的定义

5.1.4 控制方程求解方法的设置及控制

该节操作在 FLUENT 软件界面中的 Solve 菜单中进行。

1. 求解参数的设置

点击【Solve】→【Controls】→【Solution】，将 Momentum、Turbulent Kinetic Energy、Turbulent Dissipation、Turbulent Viscosity 松弛因子调小 0.3；在 Discretization 中将 Momentum、Turbulent Kinetic Energu 和 Turbulent Dissipation Rate 设置为 "Second Order Upwind"，Volume Fraction 设置为 "QUICK"，点击【OK】完成设定。

2. 监控线的设置

点击【Solve】→【Monitors】→【Surface】，Surface Monitors 修改为 "3"，勾选 Plot、Print、Write，点击【Define】，Report Type 中选中 "Flow Rate"，保持默认 Plot Window 为 "1"，Report of 中选择 "Phases"，下方选择 "Volume fraction"，Phase 中选择 "particle"，Surfaces 中选择 "inlet"，在 File Name 中修改输出文件名。同样操作对 outlet 进行设置，将 Plot Window 修改为 "2"。第 3 个窗口 Report type 选中 "Area-Weighted Average"，Reportof 中选中 "Phase"，底下选中 "Volume fraction"，Phase 中选中 "particle"，Sufaces 左边有三道杠图标，代表全选，点击【全选】，更改 File Name，点击【OK】。

3. 打开残差监控图

点击【Solve】→【Monitors】→【Residual】，打开残差参数设定对话框，勾选对话框中 Options 选项"Plot"，即显示残差图，并把下方所有参数的残差收敛标准中改为"0.0001"，点击【OK】。当所有的参数指标都降到 10^{-4} 以下后，迭代完成，计算结果收敛后会自动停止计算。在页面中可以看到感叹号。如果计算结果不能收敛，则可能是网格划分问题，这时需要对网格重新划分，加大精度重新计算。如果不是网格原因，则可能是 FLUENT 中的参数设置不合理，需要对参数进行调整。

4. 保存当前的 Case 文件

依次点击【File】→【Write】→【Case】。

5. 迭代计算

点击【Solve】→【Iterate】，设置最大迭代次数为"10000"，点击【Iterate】开始迭代计算。

6. 保存计算后的 Case 和 Data 文件

依次点击【File】→【Write】→【Case&Data】。

5.1.5　模拟结果显示和分析

该节操作在 FLUENT 软件界面的 Display 菜单中进行。固定挡板水平距离和进水口高度不变，选取不同深度的挡板进行模拟分析，如表 5.2 所示。

表 5.2　挡板设定不同深度时的计算工况

挡板深度/m	挡板水平距离/m	进水口高度/m	颗粒粒径/μm
0.50	0.6	0.6	75
0.75	0.6	0.6	75
1.00	0.6	0.6	75

1. 流函数图

点击【Display】→【Contours】，出现【Contours】对话框，Contours of 中选中"Velocity"，Phase 选中"water"，Phase 上面框中选中"Velocity Magnitude"，点击【Display】，获得流函数图。

通过模拟计算，得到不同计算工况下的沉淀池流函数，如图 5.7 所示。

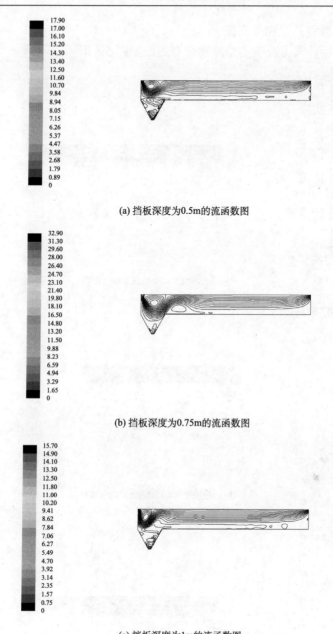

(a) 挡板深度为0.5m的流函数图

(b) 挡板深度为0.75m的流函数图

(c) 挡板深度为1m的流函数图

图 5.7　不同深度挡板工况下的流函数图

　　由图 5.7 可以看出，当挡板深度从 0.5m 增加到 1m 时，沉淀池的回流区不断变大，回流区的变化会直接影响悬浮物的沉淀效果。

2. 悬浮物分布图

　　点击【Display】→【Contours】，出现【Contours】对话框，勾选"Filled"，Contours of 选中"Phases"，Phase 选中"particle"，Phase 上面框中选中"Volume fraction"，点

击【Display】，获得悬浮物分布图。

不同深度挡板计算工况下的悬浮物分布图，如图 5.8 所示。

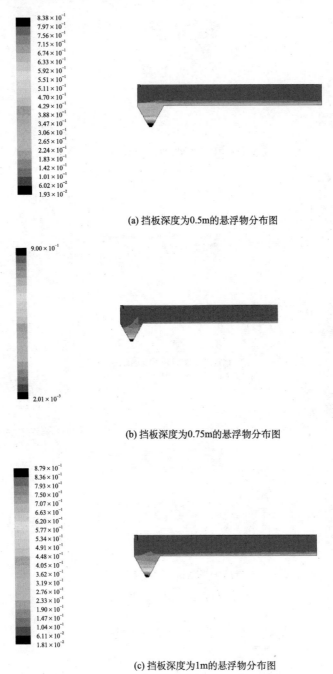

(a) 挡板深度为0.5m的悬浮物分布图

(b) 挡板深度为0.75m的悬浮物分布图

(c) 挡板深度为1m的悬浮物分布图

图 5.8　不同挡泥板深度工况下的悬浮物分布图

图 5.8 为不同深度的挡泥板所得到的悬浮物分布。可以看出，挡泥板深度从 0.5m 增加到 1m 时，污泥斗中深色区域在挡板为 0.5m 时累积最多，在 0.75m 时累积最少。说明

挡泥板深度为 0.5m 时，沉淀池的沉淀效率较高，这与流函数图分析结果一致。

3. 质量流率

点击【Report】→【Flux】，出现【Flux Reports】对话框，Phase 选中"particle"，Boundaries 选中"inlet"和"outlet"，点击【Compute】，右侧即出现迭代至该步时的进口处 particle 平均质量流率和出口处 particle 平均质量流率，下侧出现 particle 绝对质量流率（图 5.9）。

图 5.9　质量流率

4. 沉淀物累积体积分数曲线

监控线的第三个窗口会输出沉淀物体积分数在整个迭代过程中随迭代步数增加的曲线（图 5.10）。

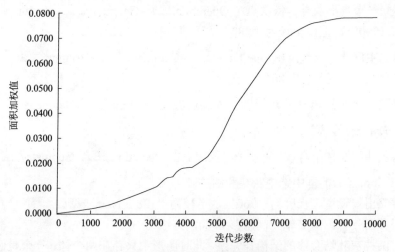

图 5.10　沉淀池随迭代步数堆积情况

从图 5.10 可以看出, 迭代至 9000 步左右, 沉淀池逐渐达到沉淀平衡状态; 在后缀为 txt 的结果文件中还可以看到每一步迭代时 particle 具体的体积分数。

5.2　旋风除尘器建模与分析

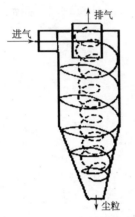

图 5.11　旋风除尘器简图

旋风除尘器具有价格低、阻力小、效率高、处理风量大、性能稳定等特点, 在工业上有广泛的应用。图 5.11 是最简单的旋风除尘器的结构, 它主要由进气口、出气口、主筒体、分离斗四个部分组成, 利用数值计算技术可以对旋风除尘器内部场流进行数值模拟, 从而给旋风除尘器结构的优化提供参考。数值计算技术具有资金投入少、运算速度快、灵活性大等优点, 在工程中具有重要的应用价值。本节运用 FLUENT6.3.26 对旋风除尘器的内部场流进行数值模拟。

5.2.1　旋风除尘器的几何建模和网格划分

旋风除尘器的几何建模和网格剖分在 GAMBIT 软件中进行, 旋风除尘器的尺寸列于表 5.3。

表 5.3　旋风除尘器尺寸表　　　　　　　　　　　　（单位：mm）

总高度	锥体高度	筒体半径	锥体下口半径	进口高度	进口宽度	排气口半径	排气筒高出筒体长度
3040	1900	380	128	380	172	128	380

1. 几何建模

(1)建立一个锥形灰斗。依次点击 Operation▢→Geometry▢→Volume▢, 输入锥体高度"1900", 上口半径为"380", 下口半径为"128"。

(2)建立主筒体。依次点击 Operation▢→Geometry▢→Volume▢, 输入主筒体高度为"1140", 半径为"380"。

(3)将圆柱体平移至与灰斗相接。依次点击 Operation▢→Geometry▢→Volume▢, z 方向平移距离为"1900"。

(4)将灰斗和圆柱结合成一个整体。依次点击 Operation▢→Geometry▢→Volume▢, 在 Volumes 后的框中选中灰斗和圆柱。

(5)建立出气管道。长度为"760", 半径为"128", 方法见(2)。

(6)平移出气管。向 Z 轴正向平移 2660, 方法见(3)。

(7)将圆柱灰斗结合体的结构补完整。此时图形中只存在两个体：一个是圆柱灰斗结合体；一个是出气管。但显然此时的圆柱灰斗组合体的结构是不完整的, 完整的结构应该是结合体外壁加上圆柱插入结合体中的部分。为了补全该结构，可利用出气管将圆柱灰斗结合体分割成两部分，依次点击 Operation ▢→Geometry ▢→Volume ▢，选中圆柱灰斗结合体作为被分割的体，分割方式 Split With 中选择"Volumes（real）"，即用实体进行分割。用作分割的体选择出气管，下方的选项中选中"Retain"和"Connected"，即分割后保留用来分割的出气管，且使二者相连通。

　　分割后的图形由三个部分组成：一是补全后的主筒体；二是进气道；三是进气道插入主筒体的部分。而第三部分是不需要的，需要将其删除。依次点击 Operation ▢→Geometry ▢→Volume ▢，选中该部分，将其删除即可。

　　(8) 建立进气道。依次点击 Operation ▢→Geometry ▢→Volume ▢，输入Width=1720 匹配，Depth=900，Height=380。

　　(9) 将出气管平移至与筒体最上方且与筒体相切。依次点击 Operation ▢→Geometry ▢→Volume ▢，沿 z 方向平移"2850"，沿 x 方向平移"294"，沿 y 方向平移"450"。

　　(10) 将主筒体与进气管也合并成一个整体，方法见(4)。

2. 划分求解区域

　　为了增加计算速度和精度，需要将求解区域分块。本例中将求解区域分割成如图 5.12所示的 4 个部分，再分别在每个区域内划分网格。

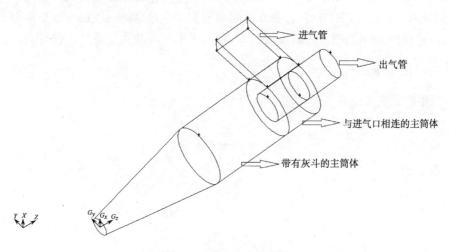

图 5.12　旋风除尘器组成

　　(1) 将进气管分割出来。依次点击 Operation ▢→Geometry ▢→Volume ▢，创建一个高度为 4000、半径为 380 的圆柱体，接着点击 Operation ▢→Geometry ▢→Volume ▢，与"几何建模"中(7)的分割类似，选择主筒体为被分割的体，分割方式 Split With中选择"Volumes（real）"，用作分割的体选择刚才创建的圆柱，但下方的选项只选中"Connected"，另外两项不选，即分割后不保留用来分割的圆柱，且分割后进气管和主筒体依然保持连通。

(2)将主筒体与进气管相连通的部分分割出来。依次点击 Operation 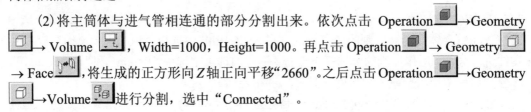→Geometry → Volume，Width=1000，Height=1000。再点击 Operation → Geometry → Face，将生成的正方形向 Z 轴正向平移"2660"。之后点击 Operation→Geometry →Volume 进行分割，选中"Connected"。

3. 网格划分

(1)对带有灰斗的主筒体进行网格划分。依次点击 Operation → Mesh → Volume，Elements 选择"Hex/Wedge"，Type 选择"Cooper"，interval count 设定 为"50"。

(2)对与进气口相连主筒体部分进行网格划分，interval count 大小设为"30"。

(3)对进气管和出气管进行网格划分，进气管的 interval count 大小设为"30"，出气 管的 interval count 设为"40"。

网格画好后需要对网格质量进行检查。点击 Global Control 一栏下的图标，Display 下点选"Range"，检验指标 Quality Type 下选择"EquiSize Skew"。EquiSize Skew 是 通过单元大小计算网格的歪斜度，其值在 0~1，0 为质量最好，1 为质量最差。2D 质量 好的单元该值最好在 0.1 以内，3D 单元在 0.4 以内。所以在 Lower 后输入歪斜度下限"0"， Upper 后输入歪斜度上限"0.4"，回车，可以看到显示出 Active Element 后的百分比为 94.86%，即有 94.86%的网格歪斜度落在 0~0.4，可见网格的质量还是比较好的。

4. 边界定义

本例中需定义的边界条件如图 5.13 所示。

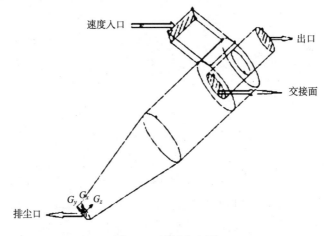

图 5.13　边界定义图

依次点击 Operation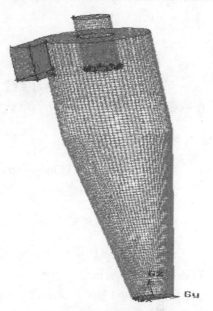→Zones，进行边界
定义。

其他未被指定的面会被默认定义为 Wall 类型。

5. 输出网格文件

点击【File】→【Export】→【Mesh】，在弹
出的对话框中给定文件的名字（也可以采用默认的
文件名），点击【Apply】生成网格文件，如图 5.14
所示。

5.2.2　网格文件导入与网格操作

1. 导入网格文件

打开 FLUENT，弹出对话框中的 Versions 下选择
"3D"（三维单精度求解器），运行 FLUENT。在主界
面点击【File】→【Read】→【Case】，选择刚才生成
的网格文件（.msh），点击【OK】导入。

图 5.14　旋风除尘器网格划分结果图

2. 检查网格文件

点击【Grid】→【Check】，观察显示窗口输出数据中的 minimum volume（m³）一项
是否大于等于 0，否则需要返回去重新划分网格。

3. 设置求解区域

点击【Grid】→【Scale】，由于 FLUENT 求解默认的单位是 m，而本例中构建模型
时以 mm 为单位，所以需要将求解的量纲改为 mm，并重新计算求解区域。在窗口中的
Grid Was Created In 后选择"mm"，点击【Scale】按钮计算求解区域。

5.2.3　求解类型的定义

该节操作在 FLUENT 软件界面中的 Define 菜单中进行。

1. 求解器的定义

点击【Define】→【Models】→【Solver】，本模型的计算中保持所有默认设定即可，
点击【OK】完成设定。

2. 湍流模型的定义

点击【Define】→【Models】→【Viscous】，本例计算选择的湍流模型为 RNG k-ε
模型。所以在 Model 下选择"k-epsilon"，k-epsilon Models 下选择"RNG"，展开的
RNG Option 设置中选择"Swirl Dominated Flow"，其他设置保持默认，点击【OK】完

成设置。

3. 流体的定义

点击【Define】→【Materials】，本例中的流体是空气，且流速较低，可认为是不可压缩流体，所以直接保持所有默认设置，关闭对话框即可。

4. 求解环境的定义

点击【Define】→【Operating Conditions】，由于本模型不考虑重力，所以保持默认设定，点击【OK】即可。

5. 边界条件的定义

点击【Define】→【Boundary Conditions】，这里需要设置速度入口的边界条件。在对话框中选中"velocity_inlet"，点击【Set】，在打开如下界面中设定 Velocity Magnitude（入口的速度大小）输入 14m/s，turbulence（湍流设置）下选择 "Intensity and Hydraulic Diameter"，设置湍流强度为 3.4%，水力直径为 0.23m，Velocity Inlet 对话框中其他边界的设置保持默认，直接关闭对话框即可。

6. 交界面的定义

点击【Define】→【Grid Interfaces】，定义交界面 Interface2 和 Interface4。

5.2.4　计算求解

该节操作在 FLUENT 软件界面中的 Solve 菜单中进行。

1. 设置求解参数

点击【Solve】→【Controls】→【Solution】，打开如下界面，按图 5.15 进行设置。

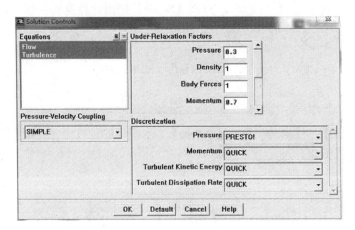

图 5.15　设置求解参数

2. 数据初始化

点击【Solve】→【Initialize】→【Initialize】，保持所有默认设置，点击【Init】进行数据初始化。

3. 设置残差图

点击【Solve】→【Monitors】→【Residual】，迭代代数设为"1000"，允许误差第一项设为"10^{-5}"，其他设定为"10^{-6}"。

4. 迭代计算

点击【Solve】→【Iterate】，迭代步数设为"20000"，点击【Iterate】开始迭代计算。

5.2.5 计算结果的显示和分析

1. 压力场显示与分析

先做出要显示计算结果的截面。依次点击【Surface】→【Iso-Surface】，在 Surface of Constant 下拉列表中选择"Grid"，再往下选择"X-Coordinate"，Iso-Surface 下输入"0"，New Surface Name 下输入平面的名称 $x=0$，点击【Create】，创建这个 $x=0$ 的平面。用同样的方法，选择"Y-Coordinate"，Iso-Surface 下输入"0"，创建 $y=0$ 平面；选择"Z-Coordinate"，Iso-Surface 下输入"2.3"，创建 $z=2300$ 平面。

点击【Display】→【Contour】，Options 下勾选"Filled"，Contours of 下选择"Pressure"，再往下选择"Total Pressure"，Surfaces 下选中 $y=0$ 平面，点击【Display】输出纵截面上的总压力分布图 5.16。

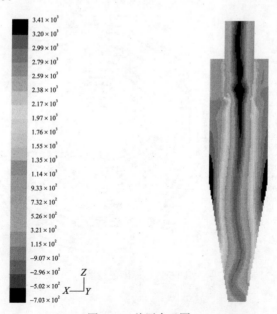

图 5.16 总压力云图

随着锥体部分半径逐渐减小，外涡气流在锥体下部转而向上进入内涡，过程中造成强烈波动，这种波动气流会周期性扫到器壁将下降过程中的尘粒夹带至内涡并伴随内涡气流旋转向上从排气口逃逸，内部总压分布沿径向变化明显，由器壁处至涡心逐级递减，存在"摆尾"现象。

2. 速度场显示与分析

点击【Display】→【Vectors】，弹出【Vectors】对话框，Vectors of 和 Color by 都选择"Velocity"，下拉选项中选择"Tangential Velocity"（切向速度），输出矢量图中箭头长短表示速度大小，颜色深浅表示切向速度大小，右侧 Scale 后的文本框中输入箭头长度比例尺大小为"5"。在 Surfaces 下选择 $x=0$ 平面。点击【Display】，显示出 $x=0$ 平面的速度矢量图。同理，也可显示出 $z=2300$ 平面的速度矢量图(图 5.17)。

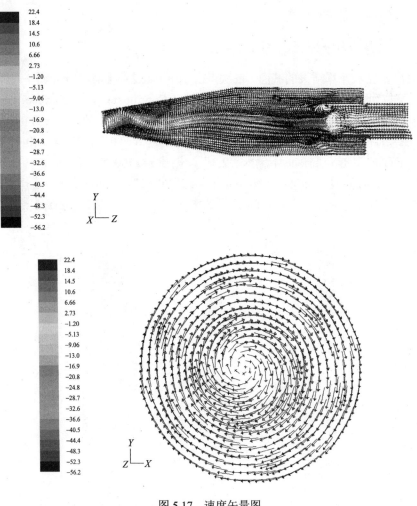

图 5.17　速度矢量图

创建采集数据的线。点击【Surface】→【Line/Rake】，创建一条高为 2.3m，平行于 y 轴的一条直线，x_0 和 x_1 设为 0m，y_0 和 y_1 分别设为–0.38m 和 0.38m，z_0 和 z_1 设为 2.3m，并命名为"y=+-0.38z=2.3"，填好后点击【Create】生成该直线。

点击【Plot】→【XY Plot】，因为所选的直线平行 Y 轴方向，所以 Plot Direction 下 X、Z 的值保持 0，Y 的值输入 1，在 YAxis Function 下第一个框中选择"Velocity"，第二个框选择"Tangential Velocity"，并在 Surface 下选中刚才创建的采样直线"y=±0.38 z=2.3"。点击【Plot】即可输出如图 5.18 所示的切向速度的径向分布。

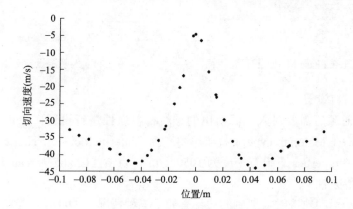

图 5.18　切向速度的径向分布

3. 粒子运动轨迹显示与分析

利用之前的计算结果，可进一步计算出气流中固体颗粒的运动轨迹并图形化显示。当含尘浓度较低时，可以用 DPM 模型计算粒子的运动轨迹，具体步骤如下。

1）设置 DPM 模型

点击【Define】→【Models】→【Discrete Phase】，弹出如图 5.19 所示的对话框。Interation 下勾选"Interation with Continuous Phase"和"Update DPM Sources Every Flow Iteration"。Tracking 选项卡中 Max.Number of Steps 下填入一个足够大的迭代次数以保证粒子计算完全（本例不妨取 5000000），勾选"Specify Length Scale"，并将 Length Scale(m) 设为"0.001"。保持其他默认设置，点击【OK】完成设定。

2）创建入射源

点击【Define】→【Injections】，在弹出的对话框右上角点击【Create】，弹出创建入射源对话框如图 5.20 所示。Injection Type 下拉菜单中选择"surface"，并从 Release From Surface 中选择速度入口"velocity_inlet.1"，即把该入射源设置在进气管口处。【Point Properties】选项卡下依次填入颗粒速度–14m/s（视为与气流速度一样，沿 Y 轴负向）、颗粒直径（取 $3×10^{-6}\text{m}$）、颗粒质量流率（取 0.00288kg/s，$c=v×s×\rho×d$），【Turbulent Dispersion】选项卡中勾选"Stochastic Tracking"下的两个选项，并将 Time Scale Constant 设为"0.3"，保持其他默认设置，点击【OK】完成设置，此时，【Injection】对话框中多出一个名为 Injection-0 的入射源。关闭对话框。

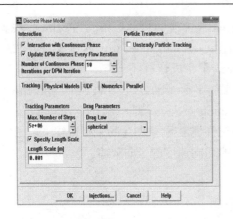
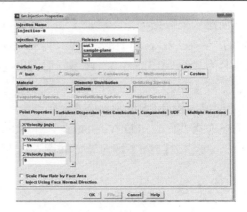

图 5.19　【Discrete Phase Model】设定界面　　　　图 5.20　入射源设定对话框

3）离散相材料设置

创建好入射源后需要对入射源射出的颗粒材料属性进行设置。点击【Define】→【Material】，在 Material Type 下拉菜单中选择"inter-particle"，Name 下将该材料命名为"dust"，Properties 下设置密度为 1050kg/m³，点击【Change/Create】完成设置。

4）设置边界条件

在跟踪粒子运动轨迹时，遇到的边界有如下三种情况：①反弹。当粒子碰到旋风分离器桶壁时，视为按照镜面反射的原理弹回并继续运动。所以将桶壁的边界条件设为反弹（reflect）。②捕获。当粒子碰到排尘口时，认为该粒子被捕获并停止对该粒子的跟踪。所以将排尘口的边界条件设为捕获（trap）。③逃逸。当粒子碰到出气口或进气口时，认为该粒子逃逸并停止对该粒子的跟踪。所以将出气口和进气口的边界条件设为逃逸（escape）。点击【Define】→【Boundary Conditions】，对进气口 velocity_inlet.1 进行设置，选择【DPM】选项卡，在 Discrete Phase BC Type 后的下拉菜单中选择"escape"。用同样的方法，将出气口 outflow.2 的边界条件设为"escape"；排尘口 outlet 的边界条件设为"trap"；将所有壁面的边界条件设为"reflect"，并将碰撞恢复系数设为 0.9。

5）计算粒子轨迹

在计算之前，先创建一个采样面来统计喷射源喷出的总粒子数，该采样面可取进气口以内距离进气口平面极近的一个平面。点击【Surface】→【Plane】，弹出如图 5.21 所示对话框，通过平面上的三个点来创建这个采样平面。输入三个点的坐标，并将该平面命名为"sample-plane"，点击【Create】创建这个平面。

完成以上所有设置之后点击【File】→【Write】→【Case&Data】保存设置，之后就可以开始计算了。点击【Report】→【Discrete Phase】→【Sample】，弹出如图 5.22 所示对话框。选中边界"outflow.2，outlet，velocity_inlet.1"，采样平面"sample-plane"，放射源"injection-0"，点击【Compute】开始计算，此时存储文件夹内会出现 4 个分别以所选平面命名的 DPM 文件。计算过程需要较长时间，请耐心等待。

图 5.21　【Plane Surface】对话框　　　　　图 5.22　【Sample Trajectories】对话框

6) 显示粒子运动轨迹

点击【Display】→【Particle Tracks】，弹出如图 5.23 所示对话框。Color by 下选择"Velocity"，再往下选择"Velocity Magnitude"输出速度大小，Release from Injections 下选中放射源"injection-0"，并勾选"Track Single Particle Stream"表示显示单个粒子的运动轨迹，在 Stream ID 下可以选择粒子的编号。

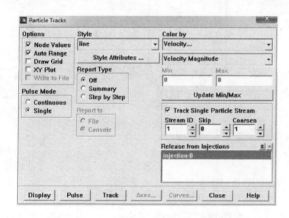

图 5.23　【Particle Tracks】对话框　　　　　图 5.24　【Grid Display】对话框

Option 下勾选"Draw Grid"，弹出如图 5.24 所示对话框。这里需要设置显示除尘器的轮廓线。勾选"Edges"，Edge Type 选择"Feature"，Surface 选中"wall，x=0 和 y=0"，可以点击【Display】预览轮廓线效果。点击【Close】关闭对话框。回到【Particle Tracks】对话框，点击【Display】即可显示粒子的运动曲线，如图 5.25 所示。

旋风分离器内气流主要流动概况如图 5.26(a)所示，气流在旋风舱内部运动情况可分为两个阶段。首先，自圆柱体旋转向下形成外涡旋，下降过程中随锥体部分的收缩，气流旋转半径逐渐减小，这一过程中其切向速度持续变大。其次，当气流到达锥体下部某一位置时，以同样的旋转方式反转向上，形成内涡旋气流。

旋风除尘器内部还存在着局部紊流，如图 5.26(b)所示。这些二次流的存在是影响除尘器分离性能的主要因素。

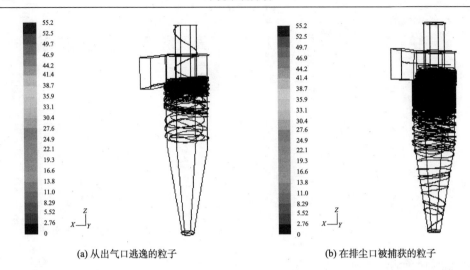

(a) 从出气口逃逸的粒子　　　　　　　　　　(b) 在排尘口被捕获的粒子

图 5.25　粒子的运动轨迹

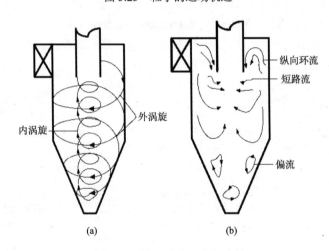

(a)　　　　　　　　　　(b)

图 5.26　旋风分离器内部流线

纵向环流。旋风分离器顶盖下部存在一个边界层，其静压变化与强旋流相比较为平缓。气流由外侧流向内侧过程中，遇到出口管壁转而向下并沿着外壁持续下行进入出气管。受这种现象的影响，部分浓集在分离器壁处的细微尘粒被夹带至顶盖处形成"上灰环"，并不时从出气管逃逸，降低除尘效率。

短路流。在出气管下端附近受较快径向流和下行流的共同作用，部分尘粒被夹带至出气管，严重影响除尘效率。

偏流。偏流存在于下部排灰口附近，一部分外涡旋下行气流会进入灰斗，由于灰斗体积大于排灰管并且受到灰斗壁摩擦力等作用，旋转速度变小而后折返向上以较高的速度进入内涡，过程中发生剧烈的动量波动和湍流能量耗散，造成此处内涡旋不稳定。除此之外，排气管和圆锥体的轴线位置存在一定偏差导致内涡流中心和锥体几何中心不重合，产生强烈波动。锥体下部出现"摆尾"现象，表现为涡旋气流在锥体下部出现周期性摆动，由此产生的偏心流造成沉积在近壁面处尘粒重新扬起并伴随内涡旋转向上从出气口逃逸。

4. 不同粒径颗粒的轨迹分析

3μm 颗粒进入旋风除尘器后先随外涡气流旋转向下，少部分粒子在锥体部分入内涡并转而向上，最终逃逸。这是受到旋风除尘器内部复杂的气相流动状况的影响。为了得到更直观的轨迹图，按上述的步骤建立多个入射源，颗粒直径分别设为 1μm、3μm、5μm、7μm、10μm 和 30μm，入口速度设为 14m/s。不同粒径颗粒运动轨迹的模拟结果如图 5.27 所示。

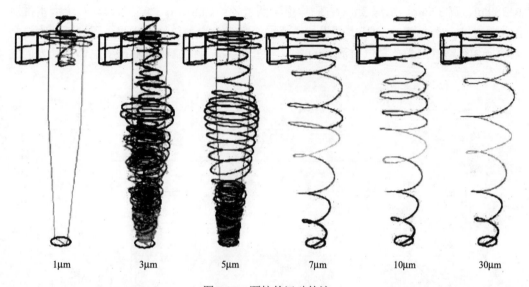

图 5.27　颗粒的运动轨迹

旋风分离器内部不同颗粒运动路径随机性较强，其中 1μm 颗粒进入旋风分离器内部后，由于受到较小的离心力，颗粒由外侧静压较高的部分直接进入顶板下侧静压较低的部分，并围绕排气口壁旋转，轨迹不断下移，最终进入排气口逃逸；3μm 颗粒轨迹运动情况较为复杂，首先随外涡气流旋转向下，在锥体部分进入内涡并转而向上，最终逃逸；5μm 颗粒与 3μm 颗粒差不多，首先随外涡气流旋转向下，在锥体部分进入内涡但是最终仍然落入排尘口；从 7μm、10μm 和 30μm 颗粒轨迹运行来看，随外涡气流旋转向下最终通过排尘口落入灰斗。

5.3　卡鲁塞尔氧化沟数学建模与分析

氧化沟是一种改良的活性污泥法，其曝气池呈封闭的沟渠形，废水和活性污泥混合液在其中循环流动，因此被称为"氧化沟"，又称"环形曝气池"。卡鲁塞尔氧化沟是一个完全混合曝气池，其浓度变化系数极小甚至可以忽略不计，进水将迅速得到稀释，因此它具有很强的抗冲击负荷能力。但对于氧化沟中的某一段则具有某些推流式的特征，即在曝气器下游附近地段 DO 浓度较高，但随着与曝气器距离的不断增加 DO 浓度不断降低(出现缺氧区)。这种构造方式使缺氧区和好氧区存在于一个构筑物内，充分利用了其水力特性，达到了高效生物脱氮的目的。

5.3.1　卡鲁塞尔氧化沟的几何建模和网格划分

卡鲁塞尔氧化沟的几何建模和网格剖分在 GAMBIT 软件中进行。

1. 卡鲁塞尔氧化沟的基本尺寸和基本假设

图 5.28 的氧化沟结构由某污水净化厂的卡鲁塞尔氧化沟简化而来。其主体尺寸为：长 78.8m、宽 37.6m、水深 3m，右侧弯道半圆半径约为 6.1m。本案例设计八个潜水推流器，潜水推流器直径 2m。基本假设如下：①忽略氧化沟系统的进出水，假设流动为定常流动。②忽略渗水微孔曝气对流场的影响。③设置潜水推流器在垂直于主体流动方向的作用面。

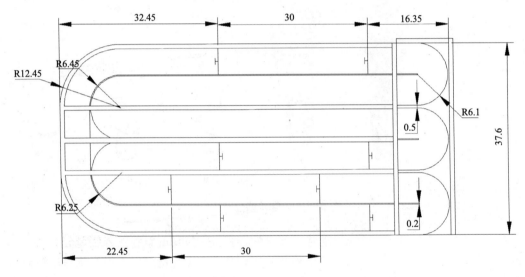

图 5.28　某污水净化厂氧化沟结构示意图(单位：m)

2. 基于 GAMBIT 的氧化沟几何建模

(1)启动 GAMBIT 软件，选择主界面 Solver 的求解器为 FLUENT 5/6(以下默认单位均为 m)。

(2)依次点击【Geometry】→【Volume】→【Brick】创建 6 个长 60(Width)、宽 6(Depth)、高 3(Height)的长方体，分别命名为 c1~c6，将 c1~c3 分别沿 y 轴向上平移 3.1、9.6、15.8，c4~c6 向下亦然。

(3)依次点击【Geometry】→【Volume】→【Cylinder】创建 3 个高 3、半径 0.1 的圆柱体，命名为 y11~y13，分别平移至坐标(30，12.7，−1.5)、(30，0，−1.5)、(30，−12.7，−1.5)。

(4)依次点击【Geometry】→【Volume】→【Cylinder】创建 3 个高 3、半径 6.1 的圆柱体，命名为 y21~y23，分别平移至坐标(30，12.7，−1.5)、(30，0，−1.5)、(30，−12.7，

−1.5)。

　　(5) 依次点击【Geometry】→【Volume】→【Cylinder】创建 2 个高 3、半径 0.25 的圆柱体，命名为 y31、y32，分别平移至坐标(−30，6.35，−1.5)、(−30，−6.35，−1.5)。

　　(6) 依次点击【Geometry】→【Volume】→【Cylinder】创建 2 个高 3、半径 6.25 的圆柱体，命名为 y41、y42，分别平移至坐标(−30，6.35，−1.5)、(−30，−6.35，−1.5)。

　　(7) 依次点击【Geometry】→【Volume】→【Cylinder】创建 2 个高 3、半径 6.45 的圆柱体，命名为 y51、y52，分别平移至坐标(−30，6.35，−1.5)、(−30，−6.35，−1.5)。

　　(8) 依次点击【Geometry】→【Volume】→【Cylinder】创建 2 个高 3、半径 12.45 的圆柱体，命名为 y61、y62，分别平移至坐标(−30，6.35，−1.5)、(−30，−6.35，−1.5)。

　　(9) 依次点击【Geometry】→【Volume】→【Brick】创建一个长 60、宽 37.6、高 3 的长方体，命名为 c7。

　　(10) 依次点击【Geometry】→【Volume】→【Brick】创建一个长 6、宽 12.7、高 3 的长方体，命名为 c8，将其沿 x 轴向左平移 39.45。

　　(11) 依次点击【Geometry】→【Volume】→【Brick】创建一个长 12.45、宽 12.7、高 3 的长方体，命名为 c9，将其沿 x 轴向左平移 36.225，得到如图 5.29 所示的初步效果图。

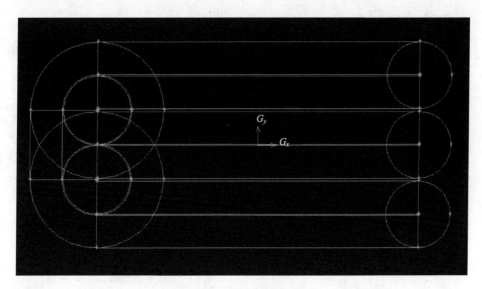

图 5.29　初步效果图

　　(12) 依次点击【Geometry】→【Volume】→【Subtract】，弹出图 5.30，Volume 中选择圆柱"y21"，不点选"Retain"，在 Subtract Volumes 选择长方体"c7"和圆柱"y11"，点选"Retain"，点击【Apply】，同理对其余两个进行操作。

　　(13) 依次点击【Geometry】→【Volume】→【Subtract】，在 Volume 中选择圆柱"y41"，不点选"Retain"，在 Subtract Volumes 选择长方体"c8"和圆柱"y31"，点选"Retain"，点击【Apply】，同理对其余一个进行操作。

(14)依次点击【Geometry】→【Volume】→【Subtract】，在 Volume 中选择圆柱"y61"，不点选"Retain"，在 Subtract Volumes 选择长方体"c7"和圆柱"y51"，点选"Retain"，点击【Apply】，同理对其余一个进行操作。

(15)依次点击【Geometry】→【Volume】→【Subtract】，在 Volume 中选择圆柱"y61"，不点选"Retain"，在 Subtract Volumes 选择长方体"c8"和圆柱"y51"，点选"Retain"，点击【Apply】，同理对其余一个进行操作。

(16)依次点击【Geometry】→【Volume】→【Subtract】，弹出如图 5.31 所示对话框，在 Volume 中选择"y61"，不点选"Retain"，在 Subtract Volumes 选择编号"c9"的长方体，点选"Retain"，点击【Apply】，对其余一个进行如上操作。

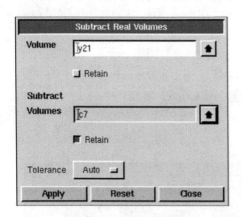
图 5.30　Subtract 操作(1)

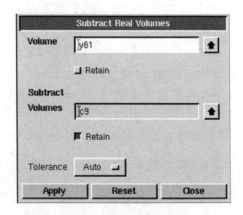
图 5.31　Subtract 操作(2)

(17)删除编号为 y11、y12、y13、y31、y32、y51、y52、c7 和 c9 的图形，如图 5.32 所示。

(18)依次点击【Geometry】→【Volume】→【Unite】，弹出如图 5.33 所示对话框，在 Volume 中选择所有部件，不点选"Retain"，点击【Apply】。

图 5.32　Delete 操作

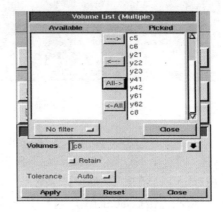
图 5.33　Unite 操作

(19)依次点击【Geometry】→【Face】→【Circular】，在 YZ 平面创建 8 个半径为

0.1 的圆面，分别命名为 m1~m8，平移至坐标(20,15.8,0)、(−10,15.8,0)、(−10,−15.8,0)、(20，−15.8,0)、(10，−9.6,0)、(−20，−9.6,0)、(−10，−3.1,0)和(20，−3.1,0)。

(20)依次点击【Geometry】→【Volume】→【split】，在 Volume 中选择唯一的图形"c1"，split with 选项选择"Faces"（Real），faces 选择新建的 8 个圆面 m1~m8，点击【Apply】。到此建模全部完成，得到如图 5.34 所示的几何模型。

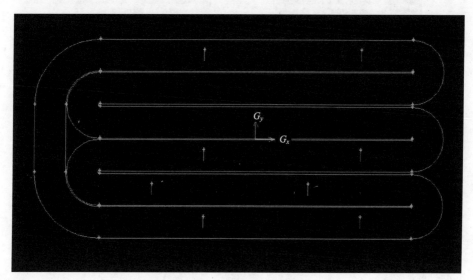

图 5.34   最终几何模型图

3. 网格划分

依次点击【Mesh】→【Volume】→【Mesh】，在 Volume 中选择"c1"，网格类型 Element 选择"Tet/Hybrid"，Type 后选择"TGrid"，分割方式选择"interval size"，长度选择"0.7"，保持其他默认设置，点击【Apply】，完成网格划分，见图 5.35。

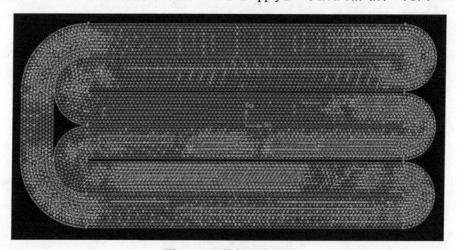

图 5.35   网格划分效果图

4. 边界条件类型的指定

（1）打开【Specify Continuum Types】对话框（图 5.36），将氧化沟模型设置为"FLUID"。

（2）将 8 个潜水推流器按逆时针方向依次命名为 f1~f8，并全部设定为 FAN 类型（图 5.37）。

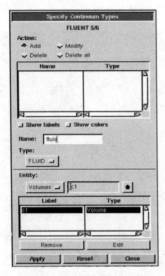 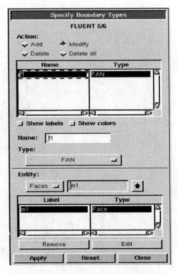

图 5.36　氧化沟模型设定　　　　　图 5.37　潜水推流器模型设定

5. mesh 网格文件的输出

选择【File】→【Export】→【Mesh】，输出 Carrousel.msh 文件。

5.3.2　网格文件导入与网格操作

该节操作在 FLUENT 软件界面中的 File 和 Grid 菜单中进行。

1. 导入网格文件

双击 FLUENT 图标，弹出对话框中的 Versions 下选择"3D"，运行 FLUENT。在主界面点击【File】→【Read】→【Case】，选择刚才生成的网格文件（Carrousel.msh），点击【OK】导入。

2. 检查网格文件

文件导入后需要对网格划分的正确性进行检查，保证网格的最小体积不小于 0，即网格的体积不能是负的。点击【Grid】→【Check】，观察显示窗口输出数据中的 minimum volume (m3) 一项是否大于等于 0，否则需要返回去重新划分网格。

3. 设置计算区域尺寸

【Grid】→【Scale】，FLUENT 默认单位是 m，如果在 GAMBIT 作图时使用了

mm、cm 或 in 等其他单位，需利用 Scale Grid 对计算域进行缩放。而本次建模以 m 为单位，所以无需此操作。

5.3.3　模型相关的定义操作

该节操作在 FLUENT 软件界面中的 Define 菜单中进行。

1. 求解器的定义

点击【Define】→【Models】→【Solver】，打开求解器选择"Pressure Based（压力基求解器）、implicit（隐式）、3D（三维）、Steady（定长）"等。点击【OK】完成设定。

2. 湍流模型的定义

【Define】→【Models】→【Viscous】，选择标准的 k-epsilon（2-epn）湍流模型，选择后面板将进一步扩大，点击【OK】保持默认值完成设定。

3. 流体物理性质的定义

【Define】→【Materials】，点击【FLUENT Database】，打开【Material】对话框，在 FLUENT Fluid Materials 中选择"water-liquid"（h2o<1>），单击【Copy/Close】。

4. 操作环境的定义

【Define】→【Operating Conditions】，设定一个大气压，点击【Gravity】，在 Z 轴反方向，设定重力加速度$-9.8m/s^2$。

5. 边界条件的定义

1）设置 fluid 流体区域的物质

【Define】→【Boundary Conditions】，选择"fluid"，将 air 修改为"water-liquid"，单击【OK】，见图 5.38。

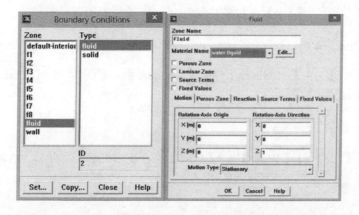

图 5.38　【Boundary Conditions】和【Fluid】对话框

2) 设置潜水推流器的边界条件

潜水推流器的边界条件设定见图 5.39。分别选择 f1~f8 进行设定。根据潜水推流器提供的推力大小和潜水推流器面积换算得到压强值,本次设定为 800 Pa,根据推流方向与坐标轴关系确定 Reverse Fan Direction 是否选择,f1 与 x 轴反向,所以选择此项,之后同理设定。

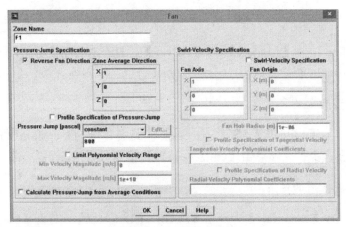

图 5.39　【Fan】对话框

5.3.4　控制方程求解方法的设置及控制

该节操作在 FLUENT 软件界面中的 Solve 菜单中进行。

1. 求解参数的设置

【Solve】→【Controls】→【Solution】,保持默认值。

2. 初始化

点击【Solve】→【Initialize】→【Initialize】,在 Compute From 下拉列表中选择 "all-zones",点击【Init】进行数据初始化,完成后关闭对话框。

3. 打开残差监控图

点击【Solve】→【Monitors】→【Residual】,点选 "Plot",残差收敛标准保持 0.001,点击【OK】。

4. 保存当前的 Case 文件

依次点击【File】→【Write】→【Case】,在文本框输入文件名,点击【OK】保存。

5. 迭代计算

点击【Solve】→【Iterate】,设置最大迭代次数为 "1000",点击【Iterate】开始迭代计算。

6. 保存计算后的 Case 和 Data 文件

依次点击【File】→【Write】→【Case&Data】。

5.3.5　计算结果显示

1. 建立观察切面

点击【Surface】→【Iso-Surface】，如图 5.40 所示。在 Surface of Constant 下拉选项中选择 "Grid"，在下面列表中选择 "Z-Coordinate"，在 Iso-Values 中输入要建立切面的位置，注意范围要求在−1.5~1.5m，点击【Create】建立切面。

2. 绘制速度矢量图

点击【Display】→【Vectors】，如图 5.41 所示。在对话框右侧 Vectors of 下拉菜单中选择 "Velocity"，Surfaces 列表选择新建的观察切面，单击【Display】，得到相应速度矢量图 5.42。

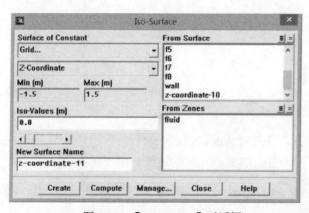

图 5.40　【Iso-Surface】对话框

图 5.41　【Vectors】对话框

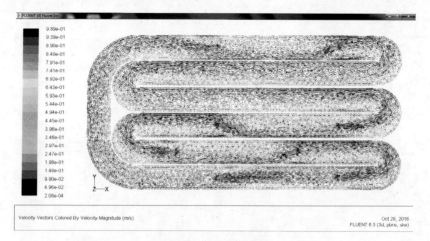

图 5.42　速度矢量图

3. 绘制速度云图

点击【Display】→【Contours】,在对话框右侧 Contours of 下拉菜单中选择"Velocity",Surface 列表选择新建的观察切面，单击【display】，得到相应速度云图 5.43。

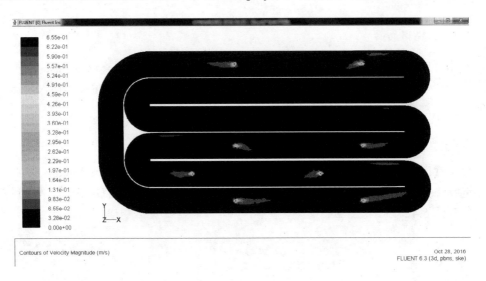

图 5.43　速度云图

4. 绘制迹线图

点击【Display】→【Pathlines】，打开对话框设定(图 5.44)，也可复选 Drew Mesh 绘制轮廓线，点击【Display】绘制图形(图 5.45)，绘制的迹线如图 5.46 所示。

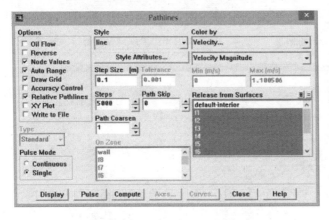

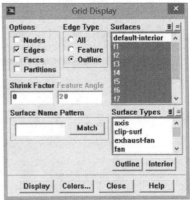

图 5.44　【Pathlines】对话框　　　　图 5.45　【Grid Display】对话框

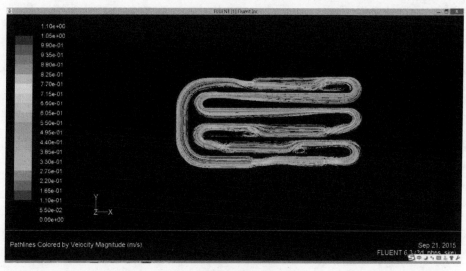

图 5.46　迹线图

5.3.6　氧化沟在不同工况下的模拟结果分析

1. 模拟工况 1

工况 1 是指开启 1、2、3、4、5、7 号潜水推流器，通过改变潜水推流器的压力来进行分析求解。图 5.47 为工况 1 条件下模拟得到的速度矢量图。

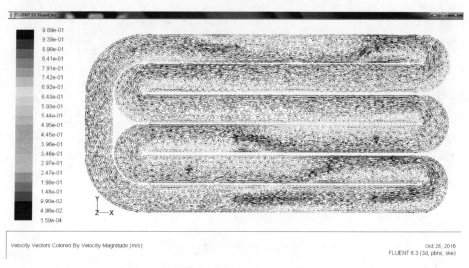

图 5.47　工况 1 速度矢量图

2. 模拟工况 2

工况 2 是指开启 1、2、3、4、6、8 号潜水推流器，通过改变潜水推流器的压力来进行分析求解。图 5.48 为工况 2 条件下模拟得到的速度矢量图。

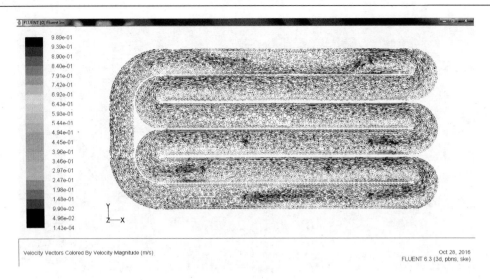

图 5.48　工况 2 速度矢量图

3. 模拟工况 3

工况 3 是指开启 1、2、3、4、5 号潜水推流器，通过改变潜水推流器的压力来进行分析求解。图 5.49 为工况 3 条件下模拟得到的速度矢量图。

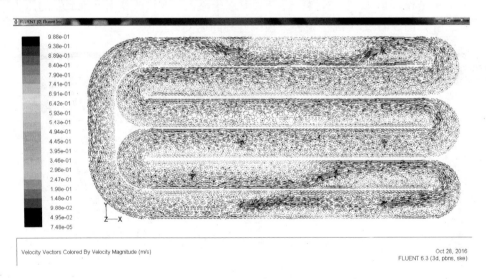

图 5.49　工况 3 速度矢量图

4. 不同工况的对比分析

根据模拟结果可知，工况 1、工况 2 和工况 3 在水深 1.5m 处 Z 轴切面平均流速分别为 0.31m/s、0.32m/s 和 0.27m/s。工况 1（开启 1、2、3、4、5、7 号共 6 台潜水推流器）、工况 2（开启 1、2、3、4、6、8 号共 6 台潜水推流器）在 Z 轴切面的平均流速都略大于 0.30m/s，而工况 3(开启 1、2、3、4、5 号共 5 台潜水推流器)的切面平均流速小于 0.30m/s，可见工况 3 不满足运行条件，因此至少需要同时开启 6 台潜水推流器。相同条件下，工况 1 的切面流速平均值要小于工况 2，可知工况 1 相邻潜水推流器间隔较近的摆放方式要劣于工况 2。

实际上对于氧化沟流场优化问题，可以通过改变潜水推流器布置、入水深度、开启台数和推力参数等多种条件，排列组合出多种可能工况后进行模拟计算，最后对模拟结果进行分析，从而得到最优的运行方案。

参 考 文 献

陈家庆, 俞接成, 刘美丽, 等. 2014. ANSYS FLUENT 技术基础与工程应用. 北京: 中国石化出版社

程声通. 2012. 环境系统分析教程. 北京: 化学工业出版社

国家环境保护局. 1993. 环境影响评价技术导则 大气环境(HJ/T 2.2—1993). 北京: 中国标准出版社

环境保护部. 2008. 环境影响评价技术导则 大气环境(HJ2.2—2008). 北京: 中国标准出版社

马东升, 雷勇军. 2006. 数值计算方法. 北京: 机械工业出版社

宋新山. 2008. MATLAB 在环境科学中的应用. 北京: 化学工业出版社

宋新山, 邓伟. 2004. 环境数学模型. 北京: 科学出版社

汤兵勇, 姜海涛, 任建, 等. 1990. 环境系统工程方法. 北京: 中国环境科学出版社

汪家权, 钱家忠. 2006. 水环境系统模拟. 合肥: 合肥工业大学出版社

汪礼礽. 1997. 环境数学模型. 上海: 华东师范大学出版社

韦鹤平, 徐明德. 2009. 环境系统工程. 北京: 化学工业出版社

薛定宇, 陈阳泉. 2011. 基于 MATLAB/Simulink 的系统仿真技术与应用. 北京: 清华大学出版社

于勇. 2008. FLUENT 入门与进阶教程. 北京: 北京理工大学出版社

于勇, 张俊明, 姜连田. 2008. FLUENT 入门与进阶教程. 北京: 北京理工大学出版社

岳天祥. 2003. 资源环境数学模型手册. 北京: 科学出版社

郑彤, 陈春云. 2003. 环境系统数学模型. 北京: 化学工业出版社

曾光明, 李晓东, 梁婕, 等. 2010. 环境系统模拟与最优化. 长沙: 湖南大学出版社